Cheick Oumar Traore

Les télécentres communautaire au Mali

Cheick Oumar Traore

Les télécentres communautaire au Mali

Les Pilotes Comme Agents De Changement Dans Les Télécentres Communautaire Au Mali

Presses Académiques Francophones

Impressum / Mentions légales
Bibliografische Information der Deutschen Nationalbibliothek: Die Deutsche Nationalbibliothek verzeichnet diese Publikation in der Deutschen Nationalbibliografie; detaillierte bibliografische Daten sind im Internet über http://dnb.d-nb.de abrufbar.
Alle in diesem Buch genannten Marken und Produktnamen unterliegen warenzeichen-, marken- oder patentrechtlichem Schutz bzw. sind Warenzeichen oder eingetragene Warenzeichen der jeweiligen Inhaber. Die Wiedergabe von Marken, Produktnamen, Gebrauchsnamen, Handelsnamen, Warenbezeichnungen u.s.w. in diesem Werk berechtigt auch ohne besondere Kennzeichnung nicht zu der Annahme, dass solche Namen im Sinne der Warenzeichen- und Markenschutzgesetzgebung als frei zu betrachten wären und daher von jedermann benutzt werden dürften.

Information bibliographique publiée par la Deutsche Nationalbibliothek: La Deutsche Nationalbibliothek inscrit cette publication à la Deutsche Nationalbibliografie; des données bibliographiques détaillées sont disponibles sur internet à l'adresse http://dnb.d-nb.de.
Toutes marques et noms de produits mentionnés dans ce livre demeurent sous la protection des marques, des marques déposées et des brevets, et sont des marques ou des marques déposées de leurs détenteurs respectifs. L'utilisation des marques, noms de produits, noms communs, noms commerciaux, descriptions de produits, etc, même sans qu'ils soient mentionnés de façon particulière dans ce livre ne signifie en aucune façon que ces noms peuvent être utilisés sans restriction à l'égard de la législation pour la protection des marques et des marques déposées et pourraient donc être utilisés par quiconque.

Coverbild / Photo de couverture: www.ingimage.com

Verlag / Editeur:
Presses Académiques Francophones
ist ein Imprint der / est une marque déposée de
OmniScriptum GmbH & Co. KG
Heinrich-Böcking-Str. 6-8, 66121 Saarbrücken, Deutschland / Allemagne
Email: info@presses-academiques.com

Herstellung: siehe letzte Seite /
Impression: voir la dernière page
ISBN: 978-3-8381-4687-4

Zugl. / Agréé par: Université de Montréal (Faculté des arts et des sciences),2013

Copyright / Droit d'auteur © 2014 OmniScriptum GmbH & Co. KG
Alle Rechte vorbehalten. / Tous droits réservés. Saarbrücken 2014

SOMMAIRE

PREFACE…………………………………………….7

RESUME……………………………………………..9

1 L'ORIGINE DE TIC……………………………....10

  1.1CARTESPERFORÉES…………………. ……10

  1.1.2 LE TOUT PREMIER ORDINATEUR……11

  1.1.3 LES PREMIERS TRANSISTOR………….12

  1.1.4 LA MICRO-INFORMATIQUE…………….13

2 LE MICRO PROCESSEUR ET LES PERIPHERIQUES……………………………………...15

2.1 L'ÈRE DU MULTIMÉDIA ET DU NUMÉRIQU2……………………………………….32

2.2 COMMENT EST NÉ INTERNET ?…………..33

2.2.3 QU'EST-CE QUE LE WORLD WIDE WEB ?……………………………………….34

2.2.4 COMMENT PEUT-ON S'ENVOYER DES MESSAGES SUR .INTERNET………………. 35

3. COMMENT SE CONNECTE-T-ON À INTERNET ?......... 36

3.3.1 COMMENT TRANSPORTER UNE INFORMATION CODÉE SOUS FORME DE COURANTÉLECTRIQUE ?...............37

3.3.2 DE LA SONNETTE AU TÉLÉGRAPHE..38

3.3.3 LES « PÈRES » DU TÉLÉPHONE..........39

3.3.4 LE PRINCIPE ET LES COMPOSANTS DU TÉLÉPHONE...............................40

4 S'AFFRANCHIR DU FIL 44

4.4.1 Contexte........... 45

4.4.2 OBJET DE LA CONTRIBUTIO... 46

4.4.3 CADRE THEORIQUE 46

4.4.4 INTRODUCTION 47

5 LE CONCEPT.......... 51

5.5.1 APPROCHE THEORIQUE DE LA PROBLEMATIQUE DU DEVELOPPEMENT PAR LES TIC 53

5.5.2 LES OBSTACLES TENACES QUI S'OPPOSENT A L'ADMISSION DES TIC COMME FACTEURS DE DEVELOPPEMENT EN AFRIQUE.. 54

5.5.3 L'ARGUMENT DU LUXE IMPRODUCTIF QUE CONSTITUERAIENT LES TIC AU REGARD DES NOMBREUSES PRIORITES DE DEVELOPPEMENT EN AFRIQUE...55

5.5.4 LA DIFFICULTE PARTICULIERE A MESURER LE POIDS ECONOMIQUE ET SOCIAL DES TIC DANS LE DEVELOPPEMENT. UN OBSTACLE REEL MAIS SURMONTABLE...................................... 59

6. LE CHANGEMENT DE PARADIGME IMPOSE UNE VISION PLUS POSITIVE DU ROLE DES TIC DANS LE DEVELOPPEMENT...............62

6.6.1 LES TIC SONT EFFECTIVEMENT DES INSTRUMENTS AU SERVICE DU DEVELOPPEMENT EN AFRIQUE.................. 66

6.6.2 LES LIMITES DE L'APPROCHE COMPTABLE.......................... 66

6.6.3 LE FACTEUR STRUCTURANT OU FACTEUR INDIRECT : UN INDICATEUR PLUS OPERATOIRE D'APPRECIATION DU ROLE DES TIC DANS LE DEVELOPPEMENT 69

6.6.4 RECOMMANDATIONS POUR REUSSIR LA MISE EN ŒUVRE D'UN PROJET............ 75

7. ÉTUDES DE CAS 75

7.1 INTRODUCTION 75

7.7.2 CHOIX DE TECHNOLOGIES INNOVANTES.. 78

7.7.3 TELEPHONIE MOBILE ET APPLICATION..80

7.7.4 TECHNOLOGIES SANS FIL 85

7.7.5 MODELES COMMERCIAUX ET POSSIBILITES DE PROJETS COMMUNAUTAIRES DE TIC 88

7.7.6 MODELS DE PROPRIETE COMMUNAUTAIRES ET MODELS DIRIGERS PAR LES 89

8. COOPERATIVES 93

8.8.1 MODELES DIRIGES PAR LE GOUVERNEMENT 95

8.8.2 *RESEAUX LARGE BANDE MUNICIPAUX*. 96

8.8.3 *PRESTATION DE SERVICES AUX COMMUNAUTES* 97

8.8.4 MODELES DU SECTEUR PRIVE ET CREATION D'ENTREPRISES COMMUNAUTAIRES 99

9. RECOMMANDATIONS POUR REUSSIR LA MISE EN ŒUVRE D'UN PROJET 102

9.9.1 ÉTUDES DE CAS..................................106

9.9.2 CONCLUSION............................... 114

9.9.3 NOTES..117

Abréviations et acronymes.........................**128**

Bibliographie..**130**

Références citées 130

Autres ouvrages à lire 132

L'organisation..**137**

Les pil`tes c`mme agents de changement dans les télés centres c`mmunautaires au Mali
Cheick Oumar TRAORE

Préface

Emaillé d'`bservati`n, ce livre examine avec une l`gique de l'appariti`n de la Techn`l`gie de l'Inf`rmati`n et de la Téléc`mmunicati`n « TIC » et s`n incidence sur le c`ntinent.

L'actualité f`urmille de ces idées et de ces pr`jets qui `ccupent le devant de la scène, alimentent le débat avant de disparaitre sans prévenir p`ur surgir quelques m`is `u quelque années plus tard sans que la situati`n n'ait év`lué. La Techn`l`gie de l'Inf`rmati`n et de la Téléc`mmunicati`n « TIC » n`urrit ses pr`pres « serpent de mer ». Ainsi, qui n'a pas entendu mille f`is. Experts et resp`nsables p`litiques év`quer la mise en place d'un plan de grande envergure p`ur inf`rmatiser t`utes les c`mmunes urbaines et rurales. Dans le même esprit, les pers`nnes les mieux inf`rmées n`us prédisent régulièrement l'émergence pr`chaine des télés centres. Mais, à chaque f`is, le s`ufflé ret`mbe, laissant les utilisateurs seuls face à ces `utils de TIC. Certes, les derniers pr`grès permettent aux plus c`urageux de se passer du supp`rt papier, c`urrier électr`nique, téléc`nférence, archivage, téléc`pie, depuis le PC ... t`ut est techniquement p`ssible. Mais, qui a vraiment envie de s'essayer à la mise en place des `utils, matériels et l`giciels, indispensable à la mise sur pied d'un « bureau virtuel » pas grand m`nde en vérité. C'est p`urqu`i n`us av`ns décidé de v`us `ffrir un œuvre pratique c`nsacré aux télés centres c`mmunautaires aux Mali. S`us t`utes ses facettes.

La présentati`n d'un matérielle, d'un d`cument reflète l'attenti`n et 'imp`rtance que lui a p`rtée s`n c`ncepteur, de même que s`n pr`fessi`nnalisme. Il devient al`rs t`ut à fait à pr`p`s, p`ur les pr`fessi`nnels de TIC d'insister sur l'applicati`n de rudiments relatifs à la présentati`n d'un travail

Les pil`tes c`mme agents de changement dans les télés centres c`mmunautaires au Mali
Cheick Oumar TRAORE

pr`fessi`nnel évidemment, la réalisati`n de ce D`cument a nécessité des ch`ix parmi les suggesti`ns faites par les c`llègues inf`rmaticiens et électr`niciens par exemple, p`ur la présentati`n d'un mém`ire, et d'autres règles spécifiques d`ivent être respectées, t`ute f`is n`us s`mmes c`nvaincu que les lecteurs aur`nt une c`nnaissance f`ndamentale en inf`rmatique et une n`ti`n en électr`nique qui est essentiellement le p`int f`cal des TIC.

Résumé

Cet article met l'accent sur l'apparition soudaine de nouveaux usagers dans les points d'accès à Internet. Le développement des technologies de l'information et de la communication a suscité, un enthousiasme réel chez les populations locales. Malgré le faible et au dé pénétration d'internet au Mali, on assiste à une appropriation sans précédent des réseaux sociaux et à la création de plateformes d'information pour permettre aux uns et aux autres d'exprimer. Les évènements récents du Mali dont le coup d'état Militaire contre le président Amadou Toumani Touré ont poussé les usagers à fréquenter les télés centrées et les cybercafés. Cette émergence se caractérise également par la mise en ligne d'informations en temps réel sur toutes les activités à la une sur le pays à l'intérieur ou à l'extérieur.

Les pil`tes c`mme agents de changement dans les télés centres c`mmunautaires au Mali
Cheick Oumar TRAORE

1 L'ORIGINE DE TIC

Le terme « informatique » date de 1962. Il vient de la contraction des mots « **information** » et « **automatique** ». L'histoire de l'informatique est justement marquée par la volonté des hommes d'automatiser certaines tâches longtemps réalisées à la main, en particulier le calcul.

C'est en 1642 que le philosophe et mathématicien **Blaise Pascal** construit la **première machine à calculer** (la Pascaline, aussi appelée roue Pascal), capable d'effectuer des additions et des soustractions.

1.1 LES CARTES PERFORÉES

Vers 1800, le Français **Joseph-Marie Jacquard** met au point un **métier à tisser** qui utilise des cartons perforés pour commander les mouvements des aiguilles.

Un peu plus tard, en 1833, l'Anglais **Charles Babbage** reprend ce principe et construit une machine encore plus élaborée que les machines à calculer de l'époque : la sienne est capable d'exécuter toutes les opérations et de stocker les résultats. C'est à son associée, la mathématicienne **Ada Byron**, que l'on doit un peu plus tard les principes de base de la programmation.

En 1890, l'Américain **Hermann Hollerith** utilise un appareil similaire pour dépouiller les résultats du recensement américain. Sa société, Tabulating Machine Company, deviendra plus tard IBM.

1.1.2 LE TOUT PREMIER ORDINATEUR

En 1945, aux États-Unis, naît l'**ENIAC (Electronic Numerator Integrator and Computer)**, le premier véritable ordinateur de l'histoire. Il se différencie de toutes les machines précédentes pour deux raisons :
- d'abord, il s'agit d'une **machine électronique**. Il n'y a plus de rouages mécaniques ; l'information est transportée par des électrons, des particules chargées d'électricité, qui se déplacent très vite ;
- de plus, c'est une **machine programmable**. Cela signifie qu'on peut enregistrer des instructions qui s'exécuteront sans intervention de l'homme.

Cet ordinateur est très imposant : il pèse 30 tonnes et occupe une surface d'environ 100 m². Pour le faire fonctionner, plus de 17 000 tubes à vide sont nécessaires. Parfois, des cafards s'introduisent dans ces tubes, faussant les résultats. C'est pour cette raison qu'on parle aujourd'hui encore de « **bug informatique** ». Ce mot veins de l'anglais *bug*, qui signifies « cafards ».

1.1.3 LES PREMIERS TRANSISTORS

Après la Seconde Guerre mondiale, les circuits électroniques ne sont encore que de simples lampes. En 1948, l'invention du **transistor**, un circuit très compact qui ne craint pas les chocs et ne chauffe pas, va accélérer le développement des ordinateurs. Les besoins en **programmes informatiques** augmentent et de nouveaux métiers apparaissent : programmeur, analyste, ingénieur système.

L'**industrie du logiciel** émerge peu à peu. Dans les années 1950, les **premiers langages évolués** apparaissent : le **Cobol** et le **Fortran**, par exemple, rendent les ordinateurs beaucoup plus faciles à programmer.

1.1.4 LA MICRO-INFORMATIQUE

En 1964, les **circuits intégrés** (souvent appelés **puces**) sont à base de **silicium**, un matériau très abondant dans la nature et qui favorise la **miniaturisation des composants électroniques**. Cela permet de réduire la taille et le prix des ordinateurs.

En 1971, le premier **microprocesseur** (Intel 4004) sort des ateliers de la société américaine **Intel**. Il contient 2 300 transistors et exécute 60 000 instructions par seconde. En comparaison, un microprocesseur moderne comme l'Intel Pentium 4 comprend plusieurs dizaines de millions de transistors et exécute plusieurs milliards d'instructions par seconde.

En 1981, IBM lance le **PC** (pour *Pers`nal C`mputer*, qui signifie « ordinateur personnel »). Le PC révolutionne la micro-informatique car c'est un ordinateur **compatible**, c'est-à-dire que tous les logiciels écrits pour cette machine fonctionnent avec un autre ordinateur PC, quelle que soit sa marque et sa date de fabrication. De nombreux logiciels d'application (traitement de texte, gestion de base de données, etc.) sont rapidement disponibles, parmi lesquels ceux de la société **Microsoft** de **Bill Gates**, fondée en 1975.

En 1984, les **systèmes Macintosh** d'**Apple Computer** sont les premiers à être dotés d'une **interface graphique** : au lieu d'avoir à taper des commandes fastidieuses au clavier, l'utilisateur peut maintenant se servir d'une **souris** et cliquer sur des **icônes**. La première version de Windows, commercialisée par Microsoft en 1985, s'en inspire pour rendre l'utilisation des PC plus conviviale.

À la fin des années 1980, les **premiers ordinateurs portables** font leur apparition. Ils sont plus légers et moins encombrants que ce qu'on appelle désormais par opposition les « ordinateurs de bureau » et présentent l'avantage de pouvoir être transportés facilement.

2 LE MICRO PROCESSEUR ET LES PERIPHERIQUES

Définition

Jusqu'au début des années 1970, les différents composants électroniques formant un processeur ne pouvaient pas tenir sur un seul circuit intégré, ce qui nécessitait d'interconnecter de nombreux composant dont plusieurs circuits intégrés. En 1971, la société américaine Intel réussit, pour la première fois, à placer tous les composants qui constituent un processeur sur un seul circuit intégré donnant ainsi naissance au microprocesseur[1].
Cette miniaturisation a permis :
d'augmenter les vitesses[2] de fonctionnement des processeurs, grâce à la réduction des distances entre les composants ;
de réduire les coûts, grâce au remplacement de plusieurs circuits par un seul ;
d'augmenter la fiabilité : en supprimant les connexions entre les composants du processeur, on supprime l'un des principaux vecteurs de panne ;
de créer des ordinateurs bien plus petits : les micro-ordinateurs ;
de réduire la consommation énergétique[3].
Les principales caractéristiques d'un microprocesseur sont :
Le jeu d'instructions qu'il peut exécuter. Voici quelques exemples d'instructions que peut exécuter un microprocesseur : additionner deux nombres, comparer

deux nombres pour déterminer s'ils sont égaux, comparer deux nombres pour déterminer lequel est le plus grand, multiplier deux nombres... Un processeur peut exécuter plusieurs dizaines, voire centaines ou milliers, d'instructions différentes.
La complexité de son architecture. Cette complexité se mesure par le nombre de <u>transistors</u> contenus dans le microprocesseur. Plus le microprocesseur contient de transistors, plus il pourra effectuer des opérations complexes, et/ou traiter des chiffres de grande taille.
Le nombre de <u>bits</u> que le processeur peut traiter ensemble. Les premiers microprocesseurs ne pouvaient traiter plus de <u>4 bits</u> d'un coup. Ils devaient donc exécuter plusieurs instructions pour additionner des nombres de 32 ou 64 bits.
Les microprocesseurs actuels (en 2007) peuvent traiter des nombres sur 64 bits ensemble. Le nombre de bits est en rapport direct avec la capacité à traiter de grands nombres rapidement, ou des nombres d'une grande précision (nombres de décimales significatives).
La vitesse de l'horloge. Le rôle de l'horloge est de cadencer le rythme du travail du microprocesseur. Plus la vitesse de l'horloge augmente, plus le microprocesseur effectue d'instructions en une seconde. Tout ceci est théorique, dans la pratique, selon l'architecture du processeur, le nombre de cycles d'horloge pour réaliser une opération élémentaire peut varier d'un cycle à plusieurs dizaines par unité d'exécution (typiquement une sur un processeur classique).
Par exemple, un processeur **A** cadencé à 400 MHz peut être plus rapide qu'un autre **B** lui cadencé à 1 GHz, tout dépend de leurs architectures respectives.
La combinaison des caractéristiques précédentes détermine la puissance du microprocesseur. La puissance d'un microprocesseur s'exprime en Millions

d'Instructions Par Seconde (MIPS). Dans les années 1970, les microprocesseurs effectuaient moins d'un million d'instructions par seconde, les processeurs actuels (en 2007) peuvent effectuer plus de 10 milliards d'instructions par seconde.

Historique

En 1969, le microprocesseur a été inventé par deux ingénieurs d'Intel : MarcianHoff (surnommé Ted Hoff) et Federico Faggin. MarcianHoff a formulé l'architecture du microprocesseur (une architecture de bloc et un jeu d'instructions). Le premier microprocesseur commercialisé, le 15novembre1971, est l'Intel 4004 4 bits, suivi par l'Intel 8008. Il a servi initialement à fabriquer des contrôleurs graphiques en mode texte. Jugé trop lent par le client qui en avait demandé la conception, il devint un processeur d'usage général. Ces processeurs sont les précurseurs des Intel 8080, Zilog Z80, et de la future famille des Intel x86[4]. OFedericoFaggin est l'auteur d'une méthodologie de conception nouvelle pour la puce et la logique, fondée pour la première fois sur la technologie *silic`ngate* développé par lui en 1968 chez Fairchild. Il a aussi dirigé la conception du premier microprocesseur jusqu'à son introduction sur le marché en 1971.[réf. nécessaire]
Dans les années 1970, apparaissent les concepts de datagramme et d'informatique distribuée, avec Arpanet, le réseau Cyclades et la Distributed System Architecture, devenue en 1978 le modèle « OSI-DSA ». Le microprocesseur est très vite accueilli comme la pierre angulaire de cette informatique distribuée, car il

permet de décentraliser le calcul, avec des machines moins coûteuses et moins encombrantes face au monopole IBM, produites en plus grande série. En 1990, Gilbert Hyatt a revendiqué la paternité du microprocesseur en se basant sur un brevet qu'il avait déposé en 1970. La reconnaissance de l'antériorité du brevet de Hyatt aurait permis à ce dernier de réclamer des redevances sur tous les microprocesseurs fabriqués de par le monde. Cependant, le brevet de Hyatt a été invalidé en 1995 par l'office américain des brevets, sur la base du fait que le microprocesseur décrit dans la demande de brevet n'avait pas été réalisé, et n'aurait d'ailleurs pas pu l'être avec la technologie disponible au moment du dépôt du brevet.[réf. nécessaire] Le tableau suivant décrit les principales caractéristiques des microprocesseurs fabriqués par Intel, et montre leur rapide et systématique évolution à la fois en augmentation du nombre de transistors, en miniaturisation des circuits, et en augmentation de puissance. Il faut garder à l'esprit que si ce tableau décrit l'évolution des produits d'Intel, l'évolution des produits des concurrents a suivi avec plus ou moins d'avance ou de retard la même marche.

Un programme informatique est, par essence, un flux d'instructions exécutées par un processeur. Chaque instruction nécessite un à plusieurs cycles d'horloge, l'instruction est exécutée en autant d'étapes que de cycles nécessaires. Les microprocesseurs séquentiels exécutent l'instruction suivante lorsqu'ils ont terminé l'instruction en cours. Dans le cas du parallélisme d'instructions, le microprocesseur pourra traiter plusieurs instructions dans le même cycle d'horloge, à condition que ces instructions différentes ne mobilisent pas simultanément une unique ressource interne. Autrement dit, le processeur exécute des instructions qui se suivent, et ne sont pas dépendantes l'une de l'autre, à

différents stades d'achèvement. Cette <u>file</u> d'exécution à venir s'appelle un <u>pipeline</u>. Ce mécanisme a été implémenté la première fois dans les années 1960 par <u>IBM</u>. Les processeurs plus évolués exécutent en même temps autant d'instructions qu'ils ont de pipelines, ce à la condition que toutes les instructions à exécuter parallèlement ne soient pas interdépendantes, c'est-à-dire que le résultat de l'exécution de chacune d'entre elles ne modifie pas les conditions d'exécution de l'une des autres. Les processeurs de ce type sont appelés <u>processeurs superscalaires</u>. Le premier ordinateur à être équipé de ce type de processeur était le <u>Seymour CrayCDC 6600</u> en 1965. Le <u>Pentium</u> est le premier des processeurs superscalaires pour <u>compatible PC</u>.
Les concepteurs de processeurs ne cherchent pas simplement à exécuter plusieurs instructions indépendantes en même temps, ils cherchent à optimiser le temps d'exécution de l'ensemble des instructions. Par exemple le processeur peut trier les instructions de manière à ce que tous ses pipelines contiennent des instructions indépendantes. Ce mécanisme s'appelle l'<u>exécution out-of-order</u>. Ce type de processeur s'est imposé pour les machines grand public à partir des années 1980 et jusqu'aux années 1990[5]. L'exemple canonique de ce type de pipeline est celui d'un <u>processeur RISC</u>, en cinq étapes. Le <u>Intel Pentium 4</u> dispose de 35 étages de pipeline[6]. Un compilateur optimisé pour ce genre de processeur fournira un code qui sera exécuté plus rapidement.
Pour éviter une perte de temps liée à l'attente de nouvelles instructions, et surtout au délai de rechargement du <u>contexte</u> entre chaque changement de <u>threads</u>, les fondeurs[7] ont ajouté à leurs processeurs des procédés d'optimisation pour que les threads puissent partager les pipelines, les caches et les registres. Ces procédés, regroupés sous l'appellation <u>Simultane`us</u>

Multi Threading, ont été mis au point dans les années 1950. Par contre, pour obtenir une augmentation des performances, les compilateurs doivent prendre en compte ces procédés, il faut donc re-compiler les programmes pour ces types de processeurs. Intel a commencé à produire, début des années 2000, des processeurs implémentant la technologie SMT à deux voies. Ces processeurs, les Pentium 4, peuvent exécuter simultanément deux threads qui se partagent les mêmes pipelines, caches et registres. Intel a appelé cette technologie *SMT à deux v`ies* : l'Hyperthreading. Le *Super-threading* est, quant à lui, une technologie SMT dans laquelle plusieurs threads partagent aussi les mêmes ressources, mais ces threads ne s'exécutent que l'un après l'autre et non simultanément.

Depuis longtemps déjà, existait l'idée de faire cohabiter plusieurs processeurs au sein d'un même composant, par exemple les System `n Chip. Cela consistait, par exemple, à ajouter au processeur, un coprocesseur arithmétique, un DSP, voire un cache mémoire, éventuellement même l'intégralité des composants que l'on trouve sur une carte mère. Des processeurs utilisant deux ou quatre cœurs sont donc apparus, comme le POWER4 d'IBM sorti en 2001. Ils disposent des technologies citées préalablement. Les ordinateurs qui disposent de ce type de processeurs coûtent moins cher que l'achat d'un nombre équivalent de processeurs, cependant, les performances ne sont pas directement comparables, cela dépend du problème traité. Des API spécialisées ont été développées afin de tirer parti au mieux de ces technologies, comme le Threading Building Blocks d'Intel.

Date	Nom	Nombre de transistors	Finesse de gravure (nm)	Fréquence de l'horloge	Largeur des données	MIPS

Année	Processeur	Transistors	Finesse (nm)	Fréquence	Bits	MIPS
1971	Intel 4004	2 300	10 000	108 kHz	4 bits/4 bits bus	0,06
1974	Intel 8008	6 000	6 000	2 MHz	8 bits/8 bits bus	0,64
1979	Intel 8088	29 000	3 000	5 MHz	16 bits/8 bits bus	0,33
1982	Intel 80286	134 000	1 500	6 à 16 MHz (20 MHz chez AMD)	16 bits/16 bits bus	1
1985	Intel 80386	275 000	1 500	16 à 40 MHz	32 bits/32 bits bus	5
1989	Intel 80486	1 200 000	1 000	16 à 100 MHz	32 bits/32 bits bus	20
1993	Pentium (Intel P5)	3 100 000	800 à 250	60 à 233 MHz	32 bits/64 bits bus	100
1997	Pentium II	7 500 000	350 à 250	233 à 450 MHz	32 bits/64 bits bus	300
1999	Pentium III	9 500 000	250 à 130	450 à 1 400 MHz	32 bits/64 bits bus	510
2000	Pentium 4	42 000 000	180 à 65	1,3 à 3,8 GHz	32 bits/64 bits bus	1 700
2004	Pentium 4 D (Prescott)	125 000 000	90 à 65	2.66 à 3,6 GHz	32 bits/64 bits bus	9 000
2006	Core 2 Duo (Conroe)	291 000 000	65	2,4 GHz (E6600)	64 bits/64 bits bus	22 000
2007	Core 2 Quad (Kentsfield)	2*291 000 000	65	3 GHz (Q6850)	64 bits/64 bits bus	2*22 000 (?)
2008	Core 2 Duo (Wolfdale)	410 000 000	45	3,33 GHz (E8600)	64 bits/64 bits bus	~24 200
2008	Core 2 Quad (Yorkfield)	2*410 000 000	45	3,2 GHz (QX9770)	64 bits/64 bits bus	~2*24 200
2008	Intel Core i7 (Bloomfield)	731 000 000	45	3,33 GHz (Core i7 975X)	64 bits/64 bits bus	?

Les pil`tes c`mme agents de changement dans les télés centres c`mmunautaires au Mali
Cheick Oumar TRAORE

Date	Nom	Nombre de transistors	Finesse de gravure	Fréquence d'horloge	Largeur des données	MIPS
2009	Intel Core i5/i7 (Lynnfield)	774 000 000	45	3 06 GHz (I7 880)	64 bits/64 bits bus	76 383
2010	Intel Core i7 (Gulftown)	1 170 000 000	32	3,47 GHz (Core i7 990X)	64 bits/64 bits bus	147 600
2011	Intel Core i3/i5/i7 (Sandy Bridge)	1 160 000 000	32	3,5 GHz (Core i7 2700K)	64 bits/64 bits bus	
2011	Intel Core i7/Xeon (Sandy Bridge-E)	2 270 000 000	32	3,5 GHz (Core i7 3970K)	64 bits/64 bits bus	
2012	Intel Core i3/i5/i7 (Ivy Bridge)	1 400 000 000	22	3,5 GHz (Core i7 3770K)	64 bits/64 bits bus	

Date : l'année de commercialisation du microprocesseur.

Nom : le nom du microprocesseur.

Nombre de transistors : le nombre de transistors contenus dans le microprocesseur.

Finesse de gravure (nm) : le diamètre (en nanomètres) du plus petit fil reliant deux composantes du microprocesseur. En comparaison, l'épaisseur d'un cheveu humain est de 100 microns = 100 000 nm. Le diamètre d'un atome de silicium est de l'ordre de

100 pm=0,1 nm. En arrivant en 2014 à des finesses de gravure de l'ordre de 10 nm, ce diamètre passe en dessous des 100 atomes de silicium. En augmentant la finesse de gravure, on se rapproche des limites en deçà desquelles le comportement électrique des matériaux relève de moins en moins de la physique classique, mais de plus en plus de la <u>mécanique quantique</u>.

Fréquence de l'horloge : la fréquence du <u>signal d'horloge</u> interne qui cadence le microprocesseur. MHz = million(s) de cycles par seconde. GHz = milliard(s) de cycles par seconde.

Largeur des données : le premier nombre indique le nombre de bits sur lequel une opération est faite. Le second nombre indique le nombre de bits transférés à la fois entre la mémoire et le microprocesseur.

MIPS : le nombre de millions d'instructions effectuées par le microprocesseur en une seconde.

Micr`pr`cesseur Intel C`re 2 Du`

Les microprocesseurs sont habituellement regroupés en familles, en fonction du <u>jeu d'instructions</u> qu'ils exécutent. Si ce jeu d'instructions comprend souvent une base commune à toute la famille, les microprocesseurs les plus récents d'une famille peuvent présenter de nouvelles instructions. La <u>rétrocompatibilité</u> au sein d'une famille n'est donc pas toujours assurée. Par exemple un programme dit compatible <u>x86</u> écrit pour un processeur <u>Intel 80386</u>, qui permet la protection mémoire, pourrait ne pas fonctionner sur des processeurs antérieurs, mais fonctionne sur tous les processeurs plus récents (par exemple un <u>Core Duo</u> d'Intel ou un <u>Athlon</u> d'AMD).

Il existe des dizaines de familles de microprocesseurs. Parmi celles qui ont été les plus utilisées, on peut citer : La famille la plus connue par le grand public est la famille <u>x86</u>, apparue à la fin des <u>années 1970</u>. développée principalement par les entreprises <u>Intel</u>

(fabricant du Pentium), AMD (fabricant de l'Athlon), VIA et Transmeta. Les deux premières entreprises dominent le marché et elles fabriquent la plus grande part des microprocesseurs pour micro-ordinateurscompatibles PC, et Macintosh depuis 2006. Le MOS Technology 6502 qui a servi à fabriquer les Apple II, Commodore PET, et dont les descendants ont servi au Commodore 64 et aux consoles Atari 2600. Le MOS Technology 6502 a été fait par d'anciens ingénieurs de Motorola et était très inspiré du Motorola 6800.
Le microprocesseur Zilog Z80 a été largement utilisé dans les années 1980 dans la conception des premiers micro-ordinateurs personnels 8 bits comme le TRS-80, les Sinclair ZX80, ZX81, ZX Spectrum, le standard MSX, les Amstrad CPC et plus tard dans les systèmes embarqués.
La famille Motorola 68000 (aussi appelée m68k) de Motorola animait les premiers Macintosh, les Mega Drive, les Atari ST et les CommodoreAmiga. Leurs dérivés (Dragonball, ColdFire) sont toujours utilisés dans des systèmes embarqués.
Les microprocesseurs PowerPC d'IBM et de Motorola équipaient jusqu'en 2006 les micro-ordinateurs Macintosh (fabriqués par Apple). Ces microprocesseurs sont aussi utilisés dans les serveurs de la série **P** d'IBM et dans divers systèmes embarqués. Dans le domaine des consoles de jeu, des microprocesseurs dérivés du PowerPC équipent la Wii (Broadway), la GameCube (Gekko), Xbox 360 (dérivé à trois cœurs nommé Xenon). La PlayStation 3 est équipée du microprocesseur Cell, dérivé du POWER4, une architecture proche de PowerPC.
Les processeurs d'architecture MIPS animaient les stations de travail de SiliconGraphics, des consoles de jeux comme la PSone, la Nintendo 64 et des systèmes

embarqués, ainsi que des routeursCisco. C'est la première famille à proposer une architecture 64 bits avec le MIPS R4000 en 1991. Les processeurs du fondeur chinois Loongson, sont une nouvelle génération basées sur les technologies du MIPS, utilisés dans des supercalculateurs et des ordinateurs faible consommation.

La famille ARM est de nos jours utilisée uniquement dans les systèmes embarqués, dont de nombreux PDAs et Smartphones. Elle a précédemment été utilisée par Acorn pour ses Archimedes et RiscPC.

Rapidité d'exécution des instructions

Fréquence de fonctionnement

Les microprocesseurs sont cadencés par un signal d'horloge (signal oscillant régulier imposant un rythme au circuit). Au milieu des années 1980, ce signal avait une fréquence de 4 à 8 MHz. Dans les années 2000, cette fréquence atteint 4 GHz. Plus cette fréquence est élevée, plus le microprocesseur peut exécuter à un rythme élevé les instructions de base des programmes.

L'augmentation de la fréquence présente des inconvénients :

plus elle est élevée, plus le processeur consomme d'électricité, et plus il chauffe : cela implique d'avoir une solution de refroidissement du processeur adaptée ; la fréquence est notamment limitée par les temps de commutation des portes logiques : il est nécessaire qu'entre deux « coups d'horloge », les signaux numériques aient eu le temps de parcourir tout le trajet nécessaire à l'exécution de l'instruction attendue ; pour accélérer le traitement, il faut agir sur de nombreux paramètres (taille d'un transistor, interactions électromagnétiques entre les circuits, etc.) qu'il devient de plus en plus difficile d'améliorer (tout en s'assurant de la fiabilité des opérations).

Overclocking

L'overclocking consiste à appliquer au microprocesseur une fréquence du signal d'horloge supérieure aux recommandations du fabricant ce qui permet d'exécuter plus d'instructions à chaque seconde. Cela nécessite souvent plus de puissance d'alimentation au risque de dysfonctionnements voire de destruction en cas de surchauffe.

Optimisation du chemin d'exécution

Les microprocesseurs actuels sont optimisés pour exécuter plus d'une instruction par cycle d'horloge, ce sont des microprocesseurs avec des unités d'exécution parallélisées. De plus ils sont dotés de procédures qui « anticipent » les instructions suivantes avec l'aide de la statistique.

Dans la course à la puissance des microprocesseurs, deux méthodes d'optimisation sont en concurrence :
La technologie RISC (*Reduced Instructi`n Set C`mputer*, jeu d'instructions simple), rapide avec des instructions simples de taille standardisée, facile à fabriquer et dont on peut monter la fréquence de l'horloge sans trop de difficultés techniques.
La technologie CISC (*C`mplex Instructi`n Set C`mputer*), dont chaque instruction complexe nécessite plus de cycles d'horloge, mais qui a en son cœur beaucoup d'instructions précâblées.

Néanmoins, avec la diminution de la taille des puces électroniques et l'accélération des fréquences d'horloge, la distinction entre *RISC* et *CISC* a quasiment complètement disparu. Là où des familles tranchées existaient, on observe aujourd'hui des microprocesseurs où une structure interne *RISC* apporte de la puissance tout en restant compatible avec une utilisation de type *CISC* (la famille Intel x86 a ainsi subi une transition entre une organisation initialement très typique d'une structure *CISC*. Actuellement elle utilise un cœur *RISC* très rapide, s'appuyant sur un système de réarrangement du code *à la v`lée*) mis en œuvre, en partie, grâce à des mémoires cache de plus en plus grandes, comportant jusqu'à trois niveaux.

Structure

Articles détaillés : Architecture des processeurs et micro-architecture.
L'unité centrale d'un microprocesseur comprend essentiellement :
une unité arithmétique et logique (U.A.L.) qui effectue les opérations ;
des registres qui permettent au microprocesseur de stocker temporairement des données ;
une unité de contrôle qui commande l'ensemble du microprocesseur en fonction des instructions du programme.
Certains registres ont un rôle très particulier :
le registre indicateur d'état (flags), ce registre donne l'état du microprocesseur à tout moment, il peut seulement être lu ;
le compteur de programme (PC, Program Counter), il contient l'adresse de la prochaine instruction à exécuter ;
le pointeur de pile (SP, Stack Pointer), c'est le pointeur d'une zone spéciale de la mémoire appelée pile où sont rangés les arguments des sous-programmes et les adresses de retour.
Seul le Program Counter est indispensable, il existe de (rares) processeurs ne comportant pas de registre d'état

ou pas de pointeur de pile (par exemple le NS32000).
L'unité de contrôle peut aussi se décomposer :
le registre d'instruction, mémorise le code de
l'instruction à exécuter ;
le décodeur décode cette instruction ;
le séquenceur exécute l'instruction, c'est lui qui
commande l'ensemble des organes du microprocesseur.

Fabrication

Article détaillé : Fabrication des dispositifs à semi-conducteurs.
La fabrication d'un microprocesseur est essentiellement identique à celle de n'importe quel circuit intégré. Elle suit donc un procédé complexe. Mais l'énorme taille et complexité de la plupart des microprocesseurs a tendance à augmenter encore le coût de l'opération. La loi de Moore, qui indique que le nombre de transistors des microprocesseurs sur les puces de silicium double tous les 2 ans, indique également que les coûts de production doublent en même temps que le degré d'intégration.
La fabrication des microprocesseurs est aujourd'hui considérée comme l'un des deux facteurs d'augmentation de la capacité des unités de fabrication (avec les contraintes liées à la fabrication des mémoires à grande capacité). La finesse de la gravure industrielle a atteint 45 nm en 2006[8]. En diminuant encore la finesse de gravure, les fondeurs se heurtent aux règles de la mécanique quantique.

Problème d'échauffement

Malgré l'usage de techniques de gravures de plus en plus fines, l'échauffement des microprocesseurs reste approximativement proportionnel au carré de leur tension à architecture donnée. Avec V la tension, f la fréquence, et k un coefficient d'ajustement, on peut calculer la puissance dissipée P :

$$P = k \times V^2 \times f$$

Ce problème est lié à un autre, celui de la <u>dissipation thermique</u> et donc souvent des <u>ventilateurs</u>, sources de nuisances sonores. Le refroidissement liquide peut être utilisé. L'utilisation d'une <u>pâte thermique</u> assure une meilleure conduction de la chaleur du processeur vers le radiateur. Si l'échauffement ne pose pas de problème majeur pour des applications type ordinateur de bureau, il en pose pour toutes les applications portables. Il est techniquement facile d'alimenter et de refroidir un ordinateur fixe. Pour les applications portables, ce sont deux problèmes délicats. Le téléphone portable, l'ordinateur portable, l'appareil photo numérique, le PDA, le baladeur MP3 ont une batterie qu'il s'agit de ménager pour que l'appareil portable ait une meilleure autonomie.

Périphérique informatique

Un **périphérique informatique** est un dispositif connecté à un système informatique (ordinateur ou console de jeux[1]) qui ajoute à ce dernier des fonctionnalités.

Types de périphériques

On peut classer généralement les périphériques en deux

types : les périphériques d'entrée et les périphériques de sortie. Les périphériques d'entrée servent à fournir des informations (ou données) au système informatique : clavier (frappe de texte), souris (pointage), scanneur (numérisation de documents papier), micro, webcam, etc. Les périphériques de sortie servent à faire sortir des informations du système informatique : écran, imprimante, haut-parleur, etc. On peut également rencontrer des périphériques d'entrée-sortie qui opèrent dans les deux sens : un lecteur de CD-ROM ou une clé USB, par exemple, permettent de stocker des données (sortie). Une autre catégorie peut être ajoutée à ce dernier type, il s'agit des périphériques multifonctions (**MFD** pour **M**ulti-**F**unctional**D**evice en anglais) comme un caméscope qui fait office d'appareil photo, de webcam, et de disque externe ou encore d'une imprimante qui fait aussi office de scanneur.

Connexion à l'ordinateur
Sur les micro-ordinateurs, tous les périphériques sont reliés à la carte mère par un connecteur que l'on insère : soit dans un port directement soudé à la carte mère ; soit dans un port disponible sur une carte d'extension, elle-même enfichée sur la carte mère. La carte d'extension étant amovible, il est facile de la remplacer en cas de panne ou d'évolution technologique.
Le système d'exploitation installé sur le système

informatique doit disposer d'un pilote pour le périphérique (*driver*), c'est-à-dire un logiciel chargé de communiquer avec lui et d'intégrer ses fonctionnalités au système d'exploitation.

La plupart des périphériques sont amovibles, c'est-à-dire qu'ils peuvent être déconnectés de l'unité centrale sans empêcher celle-ci de fonctionner (il faut parfois éteindre l'ordinateur avant de retirer le périphérique).

Périphériques de connections Internet
Périphériques d'entrée
Dispositifs de saisie

2.1 L'ÈRE DU MULTIMÉDIA ET DU NUMÉRIQUE

Avec la micro-informatique, les ordinateurs sont devenus extrêmement puissants et bon marché. Ils sont capables de tout faire ou presque : ils calculent, dessinent, et jouent même de la musique.

L'invention du **disque compact (CD)** en 1979 par les firmes Philips et Sony va permettre de stocker une grande quantité d'informations (environ 600 Mo) sur un disque de 12 cm de diamètre et de 1 mm d'épaisseur (**CD-Rom**). Le **DVD (Digital Versatile Disc)**, commercialisé en 1997, permet de stocker encore plus de données (environ 7 fois plus que sur un CD-Rom). Aujourd'hui, l'informatique est entrée dans la quasi-totalité des appareils électroniques, y compris dans un simple lave-linge. Elle est devenue indispensable dans notre vie de tous les jours.

Internet est un **réseau informatique** qui relie des ordinateurs du monde entier entre eux et qui leur permet d'échanger des informations. Les données sont transmises par l'intermédiaire de lignes téléphoniques, de câbles ou de satellites.

Pour communiquer entre eux, les ordinateurs connectés à Internet utilisent un **langage commun** (nommé **protocole**) et sont équipés de **logiciels** (ou **programmes**) permettant l'échange de données.

2.2 COMMENT EST NÉ INTERNET?

Internet est issu du réseau **Arpanet**, qui a été conçu en 1969 par l'Agence pour les projets de recherche avancée (ARPA, Advanced Research Project Agency) pour le département américain de la Défense. Réservé à l'origine aux militaires, le réseau Arpanet s'est étendu progressivement aux universités et aux administrations américaines.

En 1990, Arpanet est connecté à de nombreux autres réseaux, tous basés sur le même **protocole de communication (TCP/IP)** : c'est la naissance d'Internet — contraction de « INTERnational NETwork », qui signifie « réseau international » en français.Au début du XXIe siècle, Internet relie des millions de personnes à travers le monde. Internet n'appartient à personne et personne ne le contrôle. Les utilisateurs d'Internet (appelés **internautes**) ont accès à de nombreux services, dont le **World Wide Web** et le **courrier électronique**.

2.2.3 QU'EST-CE QUE LE WORLD WIDE WEB?

Le terme « World Wide Web » (souvent abrégé en WWW ou en Web) signifie « toile d'araignée mondiale » en français. C'est un gigantesque ensemble de pages électroniques dites **pages Web**, reliées entre elles par des **liens hypertextes**. Il suffit de cliquer sur un lien pour être dirigé vers une nouvelle page. Les informations de ces pages peuvent apparaître sous forme de textes, d'images, de son ou de vidéo. Chaque page appartient à un **site Web**, qui est un ensemble de pages créé par un particulier, une entreprise ou une organisation.

Pour accéder à des pages Web, on utilise un **navigateur** (ou **browser** en anglais). Un navigateur est un logiciel qui permet notamment de consulter des **moteurs de recherche**. Ces moteurs sont très utiles pour trouver une information, car il existe aujourd'hui plusieurs centaines de millions de pages Web. En tapant un ou plusieurs **mots-clés**, on obtient une liste de pages contenant l'information recherchée.

Le Web ne sert pas seulement à trouver des informations. Il permet entre autres de récupérer (ou **télécharger**) des fichiers électroniques, d'acheter ou de vendre des objets. Par ailleurs, les amateurs de jeux vidéo peuvent, grâce à Internet, affronter de nombreux autres joueurs dans le monde entier.

2.2.4 COMMENT PEUT-ON S'ENVOYER DES MESSAGES SUR INTERNET?

Le **courrier électronique** permet d'envoyer un message électronique (aussi appelé **e-mail**) à un ou plusieurs internautes. Pour cela, il suffit de connaître **l'adresse électronique** (ou **adresse e-mail**) de celui à qui on envoie le message et d'être équipé d'un **logiciel de messagerie**. Ce logiciel permet de taper du texte et de joindre un fichier à son message. S'il est connecté à Internet, le correspondant reçoit le message après quelques secondes ou quelques minutes (selon le débit des lignes de connexion). L'utilisation du courrier électronique peut parfois présenter des risques. En effet, de nombreux **virus informatiques** se transmettent par messagerie électronique et peuvent endommager les données stockées sur l'ordinateur.

Pour communiquer, les internautes peuvent également se retrouver dans des **salons de discussion** (aussi appelés « **chat** » — à prononcer « tchat »). Ces salons permettent à deux ou plusieurs personnes d'échanger des messages en temps réel. Il suffit pour cela de se connecter à un site Web ou d'installer un logiciel sur son ordinateur.

3. COMMENT SE CONNECTE-T-ON À INTERNET ?

Pour accéder à Internet, l'utilisateur doit posséder un **modem** et être abonné à un **fournisseur d'accès**. Le **modem** est un appareil qui permet de recevoir et d'envoyer des données par l'intermédiaire d'une ligne téléphonique ou d'un câble. **Le fournisseur d'accès** met en contact l'ordinateur de l'abonné avec l'ensemble des autres ordinateurs connectés à Internet. C'est une sorte de porte d'entrée. Il fournit également à l'internaute une ou plusieurs adresses électroniques et peut héberger les pages Web qu'il a créées.

Une nouvelle technologie, appelée **Wi-Fi** (contraction de *Wireless-Fidelity,* signifiant « qualité sans fil »), permet également d'accéder à Internet. Toutes les données sont transmises par ondes radio d'un ordinateur à l'autre, sans modem ni ligne téléphonique. Ce type de connexion est très rapide, mais ne fonctionne que dans certaines zones.

Le téléphone est une invention qui permet de **transmettre le son de la voix à distance.** C'est un **moyen de communication** omniprésent dans les pays développés et un secteur toujours en expansion.

Les pil`tes c`mme agents de changement dans les télés centres c`mmunautaires au Mali
Cheick Oumar TRAORE

3.3.1 COMMENT TRANSPORTER UNE INFORMATION CODÉE SOUS FORME DE COURANT ÉLECTRIQUE?

Au début du XIXe siècle, les travaux des physiciens **André-Marie Ampère** et **Michael Faraday** dans le domaine de l'**électromagnétisme** montre les trois éléments suivants :
– un courant électrique peut créer un champ magnétique ;
– un champ magnétique peut créer un courant électrique ;
– modifier un champ magnétique modifie aussi le champ électrique qui lui est associé.
Or, il est relativement facile de modifier un champ magnétique : il suffit de déplacer l'aimant qui le crée. En théorie donc, les propriétés de l'électromagnétisme montrent qu'il est possible de **transporter un signal sous la forme d'un courant électrique le long d'un fil conducteur.** Pour coder le signal, il suffit de modifier le champ magnétique d'une certaine manière. À l'autre bout du fil, le champ magnétique sera modifié exactement de la même manière pour obtenir le signal d'origine.

3.3.2 DE LA SONNETTE AU TÉLÉGRAPHE

La **sonnette électrique** est l'une des applications pratiques de cette découverte. Quand on appuie sur le bouton de la sonnette, on ferme un **circuit électrique** composé entre autres d'une bobine de fil enroulé : on crée ainsi un champ magnétique, qui attire un petit marteau vers une cloche, produisant un son. En même temps, le déplacement du marteau ouvre le circuit : le champ magnétique s'arrête, et le marteau revient en place. Si le bouton de la sonnette est toujours enfoncé, tout recommence, et le son continue.

L'Américain **Samuel Morse** imagine d'allonger le circuit électrique et d'utiliser les impulsions données à la sonnette comme un code : en 1837 naît ainsi le **télégraphe,** ainsi que l'alphabet qui permet de transmettre des messages codés, l'**alphabet morse**. L'invention est rapidement adoptée et se déploie dans le monde entier, souvent sur les traces du réseau de **chemin de fer** ; le télégraphe traverse même l'Atlantique en 1866. Il ne reste plus qu'à améliorer le dispositif afin de le rendre capable de transporter la voix humaine.

3.3.3 LES « PÈRES » DU TÉLÉPHONE

On attribue généralement l'invention du téléphone à l'Américain **Alexander Bell** en **1876**, mais la réalité est un peu plus complexe que cela. Il est certain que c'est Bell qui a déposé le premier véritable brevet concernant le téléphone, et il est le premier à avoir su commercialiser avec succès son invention.
Parmi les concurrents plus malheureux à la course au brevet, mais dont les idées ont influencé Bell et qui ont donc contribué à l'invention du téléphone, on peut citer :

– le Français **Charles Bourseul**, employé du télégraphe, qui publie un article décrivant le principe du téléphone en 1854 ;
– l'ingénieur **Antonio Meucci**, immigrant italien aux États-Unis, qui installe un appareil capable de transmettre les voix entre les différentes pièces de sa maison en 1855 ; faute de moyens financiers, il ne parvient pas à commercialiser son invention, ni à déposer de brevet ;
– l'Allemand **Johann Reiss**, qui construit un appareil capable de transmettre de la musique sur une longue distance en 1861 ;
– l'Italien **Innocenzo Manzetti**, qui rend public en 1865 un appareil similaire à celui de Johann Reiss, sorte de télégraphe musical transmettant très mal la voix humaine ;
– l'Américain **Elisha Gray**, qui parvient à peu près au même point que Bell, mais dépose son brevet quelques heures après lui... ;
– enfin, l'Américain **Alexander Bell** qui, en 1876, dépose le brevet du téléphone, puis fonde la première entreprise dédiée à sa commercialisation, la **Bell Telephone Company** (qui deviendra la puissante entreprise de télécommunications AT&T).

3.3.4 LE PRINCIPE ET LES COMPOSANTS DU TÉLÉPHONE

Les téléphones actuels reposent sur le même principe que celui de Bell : **ils transforment l'onde sonore de la voix en un courant électrique** dont les caractéristiques sont similaires à celles de l'onde sonore, **puis retransforment à l'autre extrémité du circuit le courant électrique en vibrations sonores**.
Le microphone et le haut-parleur, pour parler et entendre Lorsqu'on parle dans le **microphone** imaginé par Bell, une membrane vibre : cela entraîne l'oscillation d'un aimant et donc la modification de son champ magnétique. L'aimant produit un courant électrique dans la bobine de fil conducteur située tout près ; les caractéristiques de ce courant électrique sont similaires à celles du son produit. À l'autre bout de la ligne, un dispositif similaire (mais inverse), le **haut-parleur**, reproduit l'onde sonore.
Le microphone de Bell est très peu sensible. Il faut attendre les travaux de **Thomas Edison** (l'inventeur du phonographe), d'**Emil Berliner** (l'inventeur du disque), et surtout l'adoption du **microphone à charbon** (mis au point 1877 par l'Américain **David Edward Hughes**) pour que la voix devienne réellement audible à l'autre bout de la ligne.
Les microphones actuels sont assez différents des premiers microphones. Ils sont notamment plus fiables, plus puissants et moins encombrants. Ils reposent pourtant sur le même principe électromagnétique.
Le fil conducteur transporte l'information

Entre le microphone de l'émetteur et le récepteur se déroule le **fil** ou **câble téléphonique.**
Les **premiers câbles utilisés sont ceux du télégraphe** : la plupart des grandes villes d'Amérique du Nord et d'Europe de l'Ouest, déjà reliées au réseau télégraphique, adoptent le téléphone avant la fin du XIXe siècle, et les abonnements se multiplient.
Cependant, le réseau télégraphique s'avère inadapté au déploiement du téléphone, puisque les liaisons établies sont fixes, reliant deux postes à la manière d'un interphone : il est finalement abandonné tandis qu'un **réseau dédié** est mis en place. Les premiers câbles sont en fer ou en bronze, puis en cuivre.
Les premières communications ont une portée assez faible, la voix s'affaiblissant rapidement à mesure que le signal voyage le long du fil. Des **relais**, coûteux et moyennement efficaces, sont tout d'abord installés. Ils sont remplacés en 1906 par les premiers **amplificateurs** (la **triode** de l'Américain **Lee de Forest**) : l'extension du réseau ne semble plus avoir de limites.
Rapidement, le téléphone est victime de son succès et d'une infrastructure de départ un peu étroite. La multiplication des lignes impose d'installer des « **standards** », où des **opérateurs** (principalement des opératrices) travaillent à mettre en relation les fils pour connecter les abonnés entre eux. Les progrès dans ce domaine permettent la mise au point rapide de **commutateurs automatiques** — les opératrices auront pourtant encore de beaux jours devant elles : en France par exemple, l'automatisation du réseau n'est achevée que dans les années 1970 !
Mais le plus grand défi concerne le câble lui-même : comment transporter un nombre toujours croissant de communications téléphoniques ? Comment équiper les grandes villes où vivent plusieurs millions de personnes ? Les premiers téléphones tiennent plus en

Les pil`tes c`mme agents de changement dans les télés centres c`mmunautaires au Mali
Cheick Oumar TRAORE

effet de la cabine téléphonique que du téléphone personnel — d'autant plus qu'il faut souvent attendre que la ligne se libère, soit jusqu'au standard, soit après celui-ci... Les ingénieurs se contentent d'abord de torsader plusieurs milliers de fils, avant d'inventer un système en 1918 (la **modulation de courants porteurs**) qui permet de transporter plusieurs conversations en même temps sur la même ligne ; ce système est encore amélioré dans les années 1930 par la mise au point d'une structure spéciale (**structure concentrique ou coaxiale**) qui permet de transmettre plusieurs milliers de conversations simultanément.

Aujourd'hui, le **réseau téléphonique** continue de s'étendre. Là où le réseau câblé est insuffisant (entre continents ou dans les lieux les plus isolés), le téléphone peut aussi utiliser les **satellites de télécommunications**, voire **certaines ondes radio**.

Depuis une vingtaine d'années, le réseau téléphonique sert également pour se connecter au réseau mondial **Internet**.

Le cadran ou clavier permet de composer le numéro
Les premiers téléphones n'avaient pas de cadran ou de clavier : décrocher son téléphone permettait de joindre un opérateur, qui mettait en relation manuellement les deux interlocuteurs. Puis l'automatisation des connexions a donné naissance au **numéro de téléphone**, qui identifie chaque abonné de manière unique.

En France, actuellement, le premier chiffre (après le « 0 ») désigne la région où habite l'abonné ; il est suivi de 8 chiffres. Quand on appelle la France depuis l'étranger, il faut faire précéder **l'indicatif régional** de **l'indicatif international** de la France, qui est le 33. Quand on appelle depuis la France vers l'étranger, il faut composer d'abord le « 00 », puis l'indicatif international du pays appelé, puis l'indicatif régional si nécessaire, et enfin le numéro de son correspondant.

Les téléphones les plus anciens sont équipés d'un **cadran circulaire mobile**. Les téléphones actuels sont plutôt dotés d'un **clavier** qui produit soit des **impulsions** (le nombre d'impulsions représente le chiffre composé), soit des **tons** (chaque chiffre correspond à une note).

4 S'AFFRANCHIR DU FIL

La **téléphonie sans fil** voit le jour dans les années 1950, lorsqu'on commence à acheminer des conversations entre différents points du réseau par la voie des ondes, en utilisant le **réseau hertzien terrestre** ou les **satellites de télécommunications**.
Cette technologie (et surtout la miniaturisation des émetteurs-récepteurs d'ondes électromagnétiques) donne naissance au **téléphone mobile**, qui permet de téléphoner et d'être joint partout dans le monde. Le téléphone mobile ne disposant que d'un émetteur relativement faible, il a besoin pour fonctionner d'être assez proche d'un **relais**. Pour couvrir un territoire donné, il faut donc installer un assez grand nombre de relais.
L'évolution des technologies de la télécommunication semble ainsi se diriger vers une certaine convergence : les téléphones « de la maison » se sont déjà affranchi du fil (ils sont « sans fil » autour de leur base ; ils devraient rapidement rejoindre les téléphones « de la rue », les mobiles). Ainsi, à l'intérieur comme à l'extérieur, on téléphonerait avec un seul petit appareil, de plus en plus personnel, libre de tout fil ou de toute base.
Parallèlement, les téléphones actuels savent faire bien plus que transporter la voix ; de plus en plus, ils intègrent déjà ou vont intégrer de nouveaux services : e-mail, système de navigation GPS, envoi et réception d'images, de photos, de données, d'émissions de radio ou de télévision, etc.

Les pil`tes c`mme agents de changement dans les télés centres c`mmunautaires au Mali
Cheick Oumar TRAORE

4.4.1 Contexte

De nombreux projets technologiques initiés par les agences d'aide au développement bilatéral et multilatéral ont eu lieu durant la dernière décennie (2000-2010), au Mali. Après le sommet mondial sur la société de l'information à Genève en décembre 2003, la Coopération Suisse a décidé d'installer des centres multimédias communautaires dans trois pays d'Afrique (Mali, Mozambique, Sénégal) en partenariat avec l'UNESCO. Ces centres multimédias communautaires (CMC) ont été installés dans plusieurs communes rurales du Mali et ont donné naissance à une nouvelle génération d'utilisateurs (usagers). L'USAID a également installé des CLIC (Centre Local d'Information et de Communication) dans les communes rurales et urbaines pour permettre aux populations défavorisées d'avoir accès aux technologies de l'information et de la communication.

Les réseaux sociaux (Face book, Badoo, twiter etc.) ont également attiré de nouveaux usagers dans les télés centres en milieu rural et dans les cybercafés dans les communes urbaines et dans la capitale (Bamako). Pour certains usagers ces technologies ont toujours existé (ceux-ci ont les Digital Natives) et ne connaissent pas forcément l'évolution des outils technologiques, c'est-à-dire des médias classiques aux TIC. Les soucis des partenaires techniques et financiers (PTF) qui est de renforcer les capacités des uns et des autres pour réduire la fracture numérique entre le nord et le sud ou à l'intérieur d'un pays a créé un nouveau fossé numérique entre les générations (jeunes et vieilles personnes) et entre les zones géographiques (communes urbaines et rurales). Ce fossé s'est également élargi entre ceux qui ont les ressources financières pour avoir accès aux outils technologiques et ceux qui n'en ont pas.

4.4.2 OBJET DE LA CONTRIBUTION

Notre contribution a pour but d'apporter une nouvelle expertise dans le domaine des technologies de l'information et de la communication au Mali et plus précisément sur leur appropriation par les populations locales. Il s'agit également de savoir comment cette appropriation par les différentes communautés s'intègre dans une approche pertinente pour le développement des technologies de communication au Mali. La maîtrise des impacts des projets TIC sur les différentes communautés nous permettra de maîtriser les implantations technologiques pour les futures recherches. L'émergence des nouveaux usagers permet le désenclavement et l'ouverture vers d'autres territoires. Cette recherche a permis de comprendre que les réflexions des différents usagers dépendent de leur milieu social. Ces nouveaux usagers sont généralement influencés par ceux qui les forment aux outils technologiques ou par leur parti politique. Notre recherche a permis de comprendre les nouveaux espaces de production et de réception des messages par les nouveaux usagers des technologies de communication au Mali. Ce travail nous a également permis de comprendre les comportements et les réflexions de ce public.

4.4.3 CADRE THEORIQUE

Nous présentons dans cet article le cadre théorique qui a permis d'élaborer notre recherche. Notre cadre théorique décrit d'abord les approches développées par les experts et spécialistes d'autres domaines comme la géographie (Chéneau-Loquay, 2000; Eveno, 1997), l'économie (Gabas, 2004) et la sociologie (Blanchard, 2004) qui se sont intéressés aux enjeux et usages des technologies de l'information et de la communication.

4.4.4 INTRODUCTION

La problématique du développement par les TIC continue d'alimenter des controverses. En dépit du contexte actuel marqué par l'utilisation intensive de l'information dans de nombreuses activités, l'apport des TIC dans le développement de l'Afrique reste encore contesté. Par rapport à ce continent, ces outils sont considérés par leurs détracteurs comme un luxe improductif au regard des priorités classiques de développement.

Tout en reconnaissant la pertinence de ces arguments, la présente étude vise cependant à en relever les faiblesses et à démontrer, à travers le raisonnement théorique et des exemples pratiques, que les TIC sont aujourd'hui un facteur décisif de développement en Afrique, voire un préalable à la réalisation de celui-ci. L'étude s'appuie également sur la riche littérature portant sur la problématique des TIC au service du développement. Assez fréquemment, l'actualité se rapportant à l'Afrique est marquée par des faits de calamités (famine, maladies, coups d'état sanglants, guerres civiles, catastrophes naturelles, etc.). Dans un tel contexte de misère permanente, il n'est pas du tout étonnant que les planificateurs du développement et les décideurs politiques africains, dans la hiérarchisation de leurs projets de développement, accordent peu d'importance aux technologies de l'information et de la communication qu'ils considèrent, après tout, comme des besoins vraiment secondaires, voire superflus, selon un président africain. Paradoxalement, en dépit de l'existence dans la plupart des pays d'un ministère spécialement dédié à ce secteur, censé en faire la promotion parce que supposé important.

Comment, en effet, avoir la volonté réelle d'initier des projets et de mobiliser des ressources pour le développement d'infrastructures encore perçues comme un luxe improductif alors que se posent dans le même temps des problèmes sensibles et jugés prioritaires comme la santé, la nourriture, l'eau potable, l'éducation, l'électrification ou encore les routes ? Face à de tels défis, il apparaît presque légitime pour maints Africains de développer une vision négative, voire hostile, vis-à-vis de ces TIC qu'ils apprennent en fait à découvrir. Aussi, plutôt que de les considérer comme une véritable opportunité de développement, les considèrent-ils comme inutiles, voire intrinsèquement inaptes au développement et donc ne méritant pas que les États y consacrent des investissements conséquents et ce, malgré les discours flatteurs visant à faire croire à une adhésion politique à un projet de société concernant les TIC (*cf.* citation précédente).

Ces réticences à l'égard des TIC, dont on ne peut, honnêtement, contester la pertinence (vu le contexte défavorable susmentionné), traduisent cependant moins le rejet des TIC que la difficulté pour les planificateurs et décideurs d'établir un lien opératoire entre celles-ci et le développement [Ossama, 2001]. Pour autant, la pertinence de cette position n'épuise pas la complexité du débat. Ce n'est pas parce qu'on ignore l'utilité de quelque chose que celle-ci n'à point de valeur en réalité. Prétendre, simplement sur la base de préjugés ou à partir de l'ignorance, que tel secteur est prioritaire et que tel autre est secondaire est une vision manichéenne et réductrice qui peut conduire à des erreurs aux conséquences graves pour un continent où le processus de développement est en panne dans tous les domaines. Par ailleurs, comparer ou opposer des besoins ou nécessités de natures différentes (nourriture, eau, dispensaires, routes, etc. *versus* TIC) est une approche inopérante dans la pratique, pour la simple raison que ces besoins ont des rôles différents, mais plutôt complémentaires. À propos précisément de l'argument classique relatif aux « priorités de l'Afrique» pour disqualifier les TIC comme facteurs de développement en Afrique, il convient de souligner que c'est un argument qui peut être porteur de risques. Si au mieux, en hiérarchisant les priorités, un tel stéréotype ne vise pas à légitimer l'idée selon laquelle les technologies de l'information et de la communication seraient vraiment un luxe pour ce continent, au pire on peut craindre qu'il détourne certains investisseurs et planificateurs africains, peu avertis des stratégies modernes de développement, de ces outils désormais indispensables. L'Afrique, qui a manqué l'ère de la Révolution industrielle (avec les conséquences désastreuses que cela a engendrées sur son développement), peut-elle se permettre de manquer celle de la Révolution informationnelle, sous prétexte qu'elle aurait d'autres priorités à satisfaire d'abord ?

En vérité, sur cette question, il se pose un problème d'éclairage et d'information sur la manière dont les technologies de l'information et de la communication peuvent contribuer, de manière significative, au développement économique et social des populations et des territoires en Afrique

S'il est incontestable que le manque de routes, par exemple, dans une région constitue un problème majeur de développement, il est également incontestable que, dans la société et l'économie de l'information où nous vivons désormais, les nouveaux facteurs de productivité, d'attractivité et de compétitivité sont la capacité à accéder à l'information et à l'exploiter suivant les besoins. Considérant par ailleurs que les investissements en TIC ne sauraient s'opposer à ceux à consentir dans les domaines dits prioritaires, nous estimons plutôt que, dans bien des cas, les TIC sont aujourd'hui indispensables pour réaliser certains projets considérés prioritaires. Dans cette logique, le Rapport Maitland [UIT, 1985] critique d'ailleurs la perception suivant laquelle les télécommunications seraient moins vitales et moins prioritaires que les réalisations telles que la production alimentaire, l'adduction d'eau ou l'électrification, par exemple. Il affirme fortement, au contraire, que les télécommunications constituent un élément essentiel du processus de développement, qui vient en complément des autres réalisations. En ce sens, il considère que ce sont des outils susceptibles d'accroître la productivité et l'efficacité de l'agriculture, de l'industrie, du commerce, etc. D'où donc l'importance de disposer d'infrastructures de TIC qui permettent justement d'accéder aisément à l'information et de l'exploiter à volonté.

5 LE CONCEPT

1 Le concept « *les TIC au service du dével`ppement* » fait référence à l'utilisation des TIC à des fins de développement socioéconomique. Dans cette perspective, il vise à encourager l'intégration de ces outils dans les différentes activités humaines, qu'il s'agisse de l'introduction de l'informatique dans les entreprises, dans les secteurs de l'éducation, de la santé ou qu'il s'agisse des grands projets innovants de développement tels que l'administration électronique, l'aménagement numérique du territoire, etc. En raison de l'importance croissante prise par l'information dans tous les types d'activités, les TIC s'affirment désormais, dans les pays développés et émergents, comme des outils d'aide à la formalisation des stratégies de développement (à l'échelle nationale comme à l'échelle locale). En effet, l'information, dont les TIC sont le vecteur, est devenue une ressource stratégique. Dans ce contexte, ce qui est vrai pour les pays développés et émergents l'est-il tout autant pour les pays pauvres et surtout pour l'Afrique ? La formule « *TIC au service du dével`ppement* » est-elle, relativement à l'Afrique, un simple slogan (au regard des priorités classiques de développement de ce continent) ou reflète-elle plutôt une réalité ?

1 Nous avons plutôt privilégié une vision large du sujet (à l'échelle africaine).

2 Pour répondre à ces interrogations, nous avons structuré l'étude en deux principales parties : la première consiste en une approche théorique de la question du développement par les TIC. Pour ce faire,

elle s'inspire en partie de la littérature sur le sujet. Le raisonnement théorique n'étant jamais suffisant pour Convaincre, la deuxième partie consiste en des exemples pratiques (étayés de données statistiques) tirés notamment du contexte ivoirien. C'est donc une étude qui combine approche théorique et approche empirique.

5.5.1 APPROCHE THEORIQUE DE LA PROBLEMATIQUE DU DEVELOPPEMENT PAR LES TIC

3 En dépit de l'observation de terrain (les faits) et des témoignages qui tendent à montrer que les TIC sont de plus en plus utilisées, non plus comme de simples supports de communication ou des outils de facilitation du travail, mais comme de réels facteurs de développement et de promotion d'un territoire, le débat sur leur caractère inopportun en Afrique (luxe improductif pour un continent encore en proie à de nombreuses misères) reste encore d'actualité [Gado, 2008 ; Robert A.-C., 2000, etc.]. D'où la nécessité donc de mener cette réflexion théorique pour tenter de clarifier la question.

5.5.2 LES OBSTACLES TENACES QUI S'OPPOSENT A L'ADMISSION DES TIC COMME FACTEURS DE DEVELOPPEMENT EN AFRIQUE

4 Deux obstacles s'opposent traditionnellement à l'admission des TIC comme facteurs de développement en Afrique. En premier lieu, se dresse l'argument des urgences du continent qui veut que la priorité soit

accordée aux besoins classiques (nourriture, eau potable, santé publique, éducation, routes, etc.) [Anne Cécile Robert, 2000]. En second lieu, la difficulté particulière à mesurer le poids économique et social des TIC dans le développement.

5.5.3 L'ARGUMENT DU LUXE IMPRODUCTIF QUE CONSTITUERAIENT LES TIC AU REGARD DES NOMBREUSES PRIORITES DE DEVELOPPEMENT EN AFRIQUE

5 Assez fréquemment, l'actualité se rapportant à l'Afrique est marquée par des faits de calamités (famine, maladies, coups d'état sanglants, guerres civiles, catastrophes naturelles, etc.). Dans un tel contexte de misère permanente, il n'est pas du tout étonnant que les planificateurs du développement et les décideurs politiques africains, dans la hiérarchisation de leurs projets de développement, accordent peu d'importance aux technologies de l'information et de la communication qu'ils considèrent, après tout, comme des besoins vraiment secondaires, voire superflus, selon un président africain cité par Jacques Bonjawo [2011, p.17]. Et ce, paradoxalement, en dépit de l'existence dans la plupart des pays d'un ministère spécialement dédié à ce secteur, censé en faire la promotion parce que supposé important.

6 Comment, en effet, avoir la volonté réelle d'initier des projets et de mobiliser des ressources pour le développement d'infrastructures encore perçues comme un luxe improductif alors que se posent dans le même temps des problèmes sensibles et jugés prioritaires comme la santé, la nourriture, l'eau potable, l'éducation,

l'électrification ou encore les routes ? Face à de tels défis, il apparaît presque légitime pour maints Africains de développer une vision négative, voire hostile, vis-à-vis de ces TIC qu'ils apprennent en fait à découvrir. Aussi, plutôt que de les considérer comme une véritable opportunité de développement, les considèrent-ils comme inutiles, voire intrinsèquement inaptes au développement et donc ne méritant pas que les États y consacrent des investissements conséquents et ce, malgré les discours flatteurs visant à faire croire à une adhésion politique à un projet de société concernant les TIC (*cf.* citation précédente).

7 Ces réticences à l'égard des TIC, dont on ne peut, honnêtement, contester la pertinence (vu le contexte défavorable susmentionné), traduisent cependant moins le rejet des TIC que la difficulté pour les planificateurs et décideurs d'établir un lien opératoire entre celles-ci et le développement [Ossama, 2001]. Pour autant, la pertinence de cette position n'épuise pas la complexité du débat. Ce n'est pas parce qu'on ignore l'utilité de quelque chose que celle-ci n'à point de valeur en réalité. Prétendre, simplement sur la base de préjugés ou à partir de l'ignorance, que tel secteur est prioritaire et que tel autre est secondaire est une vision manichéenne et réductrice qui peut conduire à des erreurs aux conséquences graves pour un continent où le processus de développement est en panne dans tous les domaines. Par ailleurs, comparer ou opposer des besoins ou nécessités de natures différentes (nourriture, eau, dispensaires, routes, etc. *versus* TIC) est une approche inopérante dans la pratique, pour la simple raison que ces besoins ont des rôles différents, mais plutôt complémentaires. À propos précisément de l'argument classique relatif aux « priorités de l'Afrique» pour disqualifier les TIC comme facteurs de développement en Afrique, il convient de souligner que c'est un

argument qui peut être porteur de risques. Si au mieux, en hiérarchisant les priorités, un tel stéréotype ne vise pas à légitimer l'idée selon laquelle les technologies de l'information et de la communication seraient vraiment un luxe pour ce continent, au pire on peut craindre qu'il détourne certains investisseurs et planificateurs africains, peu avertis des stratégies modernes de développement, de ces outils désormais indispensables. L'Afrique, qui a manqué l'ère de la Révolution industrielle (avec les conséquences désastreuses que cela a engendrées sur son développement), peut-elle se permettre de manquer celle de la Révolution informationnelle, sous prétexte qu'elle aurait d'autres priorités à satisfaire d'abord ?

8 En vérité, sur cette question, il se pose un problème d'éclairage et d'information sur la manière dont les technologies de l'information et de la communication peuvent contribuer, de manière significative, au développement économique et social des populations et des territoires en Afrique.

9 S'il est incontestable que le manque de routes, par exemple, dans une région constitue un problème majeur de développement, il est également incontestable que, dans la société et l'économie de l'information où nous vivons désormais, les nouveaux facteurs de productivité, d'attractivité et de compétitivité sont la capacité à accéder à l'information et à l'exploiter suivant les besoins. Considérant par ailleurs que les investissements en TIC ne sauraient s'opposer à ceux à consentir dans les domaines dits prioritaires, nous estimons plutôt que, dans bien des cas, les TIC sont aujourd'hui indispensables pour réaliser certains projets considérés prioritaires. Dans cette logique, le Rapport Maitland [UIT, 1985] critique d'ailleurs la perception suivant laquelle les télécommunications seraient moins vitales et moins prioritaires que les réalisations telles que la

production alimentaire, l'adduction d'eau ou l'électrification, par exemple. Il affirme fortement, au

contraire, que les télécommunications constituent un élément essentiel du processus de développement, qui vient en complément des autres réalisations. En ce sens, il considère que ce sont des outils susceptibles d'accroître la productivité et l'efficacité de l'agriculture, de l'industrie, du commerce, etc. D'où donc l'importance de disposer d'infrastructures de TIC qui permettent justement d'accéder aisément à l'information et de l'exploiter à volonté.

10 C'est seulement une fois que la certitude sur l'importance des TIC aura été établie qu'il deviendra relativement plus facile pour les gouvernants, planificateurs et investisseurs d'envisager des initiatives sérieuses visant à mobiliser les ressources nécessaires pour les intégrer harmonieusement dans les projets de développement. Les TIC ne constituent pas un problème totalement découplé des autres problèmes de développement. Elles sont plutôt en interaction avec eux.

11 Le second obstacle qui s'oppose à l'admission des TIC comme instruments au service du développement en Afrique réside en la difficulté même à mesurer le poids économique et social de ces outils dans le développement.

5.5.4 LA DIFFICULTE PARTICULIERE A MESURER LE POIDS ECONOMIQUE ET SOCIAL DES TIC DANS LE DEVELOPPEMENT. UN OBSTACLE REEL MAIS SURMONTABLE

12 De façon concrète, il est difficile de percevoir le rôle des TIC dans le développement alors que l'on parvient à mesurer statistiquement les incidences de développement de secteurs comme l'agriculture, la santé, même la recherche scientifique. Dans chacun de ces secteurs, on s'en rend compte respectivement à travers l'accroissement des rendements agricoles consécutif à l'usage des intrants, l'amélioration de l'espérance de vie, les résultats opérationnels dans différents domaines industriels ainsi que dans les stratégies de développement économique et de défense des États. La perception du rôle des TIC est rendue complexe par la difficulté même à mesurer le poids économique du secteur. Aussi, la manifestation des TIC sur le plan macroéconomique apparaît-elle pour beaucoup d'économistes comme quelque chose de nature paradoxale (voir ci-après). Ce sentiment de paradoxe découle probablement des réflexions de Robert Merton Solow, qui observait en 1987 que l'ère de l'informatique était visible partout, sauf dans les statistiques sur la productivité (« *We see the c`mputer age everywhere except in the pr`ductivity statistics* »). Cette antinomie

fut rapidement baptisée « paradoxe de la productivité » ou « paradoxe de Solow », lequel traduit le fait que l'essor de l'informatique n'aurait pas entraîné, contrairement aux espoirs entretenus, un regain de croissance durant la période 1970-1990.

4 Le Berkeley Round Table on International Economy est considéré comme l'un des principaux centres multimédia

13 Pourtant, selon d'autres analystes économiques, ce paradoxe n'en serait pas vraiment un. Au nombre de ceux-ci, on peut citer Stephen Cohen et John Zysman [2001, pp. 34-35], deux professeurs de l'université américaine de Berkeley en Californie, qui ont par ailleurs coprésidé le Berkeley Round Table on International Economy. Pour ces deux chercheurs, la conséquence de l'introduction des ordinateurs est déterminante, notamment par leurs implications dans les formes d'organisation des entreprises. Ils précisent toutefois que c'est moins le nombre d'ordinateurs que la modification globale que ceux-ci induisent dans le fonctionnement de l'économie qui accroît la productivité à travers un certain nombre de paramètres : mobilité géographique de la main-d'œuvre, flexibilité par rapport au type d'emploi, création d'entreprises, déplacement des investissements d'une nouveauté à une autre, évolution des organisations. Cette transformation organisationnelle générale serait à son tour génératrice de gains de productivité que l'on constaterait de manière assez nette dans les secteurs et les pays où l'informatisation et les TIC sont très répandus dans les activités.

14 Étudiant pour sa part les effets de la valeur ajoutée des marchés de l'information, Rainer Kuhlen [1997, p.177], un spécialiste de l'information, note que *« sur le plan macr`-éc`n`mique, le dével`ppement d'un secteur de l'inf`rmati`n engendre des changements structurels*

dans l'éc`n`mie entière. Ce dével`ppement influe sur le pr`duit nati`nal brut et la situati`n de l'empl`i, et suscite l'esp`ir d'une cr`issance éc`n`mique générale ».

15 Cohen et Zysman (cités plus haut) soulignent un autre fait significatif : plus l'utilisation des TIC est intensive dans les activités et plus leur effet est facilement ressenti car, expliquent-ils, un taux élevé de pénétration des TIC entraîne nécessairement une réduction des coûts dans d'autres secteurs de l'économie (notamment les services).

16 Si la difficulté statistique à mesurer le poids économique et social des TIC est bien réelle, il n'en demeure pas moins vrai que cet obstacle peut être franchi de nos jours en raison d'une meilleure connaissance du rôle de ces outils. En outre, le changement de paradigme caractérisé par l'avènement d'une société et d'une économie de l'information tend de plus en plus à faciliter cette compréhension du rôle des TIC dans le développement.

6. LE CHANGEMENT DE PARADIGME IMPOSE UNE VISION PLUS POSITIVE DU ROLE DES TIC DANS LE DEVELOPPEMENT

17 Ce changement de paradigme se traduit par le rôle croissant de l'information dans les rouages de la société et de l'économie modernes [Toffler, 1991 ; UIT, 1982 ; Samara, 1999].

18 La société de l'information se caractérise par la réorganisation de la société autour de la production, du traitement, de la diffusion et de la consommation intensive de l'information dans pratiquement toutes les activités humaines. Cette réorganisation fait nécessairement appel à des réseaux et services de technologies de l'information et de la communication. Quant à l'économie de l'information (parfois désignée « nouvelle économie » ou encore « net économie »), elle se définit comme étant une nouvelle structure économique mondiale dans laquelle la production de biens et services d'information est prédominante dans la création de richesses et d'emplois. Ces réalités renvoient aux concepts de société du savoir et d'économie du savoir. Ces deux dynamiques concomitantes sont portées par les TIC qui ont accéléré le passage à une société et une économie fondées sur l'immatériel. Dans un tel contexte, les nouveaux facteurs de productivité et de compétitivité deviennent la créativité, le savoir, l'intelligence et l'expertise. L'on s'aperçoit donc que les enjeux de développement liés aux TIC sont réels pour peu qu'on sache les rechercher. Dès lors, une vision plus

positive du rôle des TIC dans le développement peut s'apprécier à différents niveaux:

5 L'information s'entend ici dans son sens large; c'est-à-dire des données (économiques, financières.

19a) Les TIC rendent possible un accès plus facile et moins coûteux à l'information5 à un moment où la maîtrise de celle-ci est devenue un facteur capital du développement et où la capacité à y accéder, à la manipuler et à la diffuser conditionne la faisabilité et la durabilité du développement socioéconomique.

20b) Les TIC donnent aux pays africains la possibilité d'une plus grande intégration économique, commerciale et culturelle dans le monde, à condition bien entendu que ces pays en soient parfaitement conscients et qu'ils consentent les investissements nécessaires devant leur permettre d'en saisir les opportunités.

21c) Les réseaux télématiques offrent un gain de productivité et de compétitivité à travers la modification du système de management des entreprises. En effet, les échanges modernes sont fondés sur les paramètres de « réponse rapide », de « temps réel », de « concurrence basée sur le temps », etc. Les pays africains (principalement l'Afrique du Sud et les pays du Maghreb) qui parviennent à respecter ces critères grâce à l'existence de bonnes infrastructures de TIC sont devenus plus compétitifs dans la mondialisation des échanges.

22d) Au plan de l'aménagement du territoire, la localisation des entreprises et des populations dans les zones fragiles (enclavement, déshéritement naturel, marginalisation due à l'éloignement par rapport aux capitales) passe impérativement aujourd'hui par la capacité de ces zones à proposer un environnement moderne et attractif fondé sur la circulation de l'information, organisée à partir de réseaux et services de télématiques performants. En influençant l'organisation et la dynamique des territoires et de ce fait, la localisation des activités et des hommes, les TIC sont devenues une nécessité sociale, un atout économique et un enjeu politique et stratégique de premier plan.

23e) Une administration électronique permettrait à nos États d'être plus efficaces et de mieux servir les citoyens grâce à :

une circulation plus rapide de l'information sous forme numérique,

une communication et un partage de l'information entre les directions centrales et les services décentralisés,

une dématérialisation de certaines procédures administratives (télé-procédures *via* des réseaux dédiés ou *via* l'Internet).

24 La société et l'économie contemporaines sont désormais à forte teneur d'information. Celle-ci est devenue, sinon le premier produit, à tout le moins l'un des principaux produits de consommation courante. La consommation en information des individus, des entreprises, des administrations, des collectivités et des organisations s'accroît à un rythme accéléré. Certes, il n'existe pas d'étalon pour évaluer scientifiquement cette consommation comme on le fait pour l'électricité ou pour l'eau ; mais, manifestement, cette consommation augmente de façon exponentielle et se traduit éloquemment dans l'accroissement des dépenses mensuelles de télécommunication. Cela a induit un nouveau modèle économique et social dans lequel les TIC sont incontournables.

25 Si l'on considère le changement de paradigme actuel déterminé par le poids de l'information et de son vecteur, et auquel n'échappe évidemment pas l'Afrique, la question n'est plus tellement de savoir si les TIC sont

capables ou non d'aider efficacement au développement des pays pauvres. La question fondamentale est plutôt de savoir comment les utiliser au mieux pour le développement de ces pays. L'importance des TIC pour les pays pauvres n'est cependant pas à rechercher dans leur capacité à procurer directement le progrès économique et social à toutes les couches de la population. Une telle vision des choses brouille la compréhension et conforte les thèses pessimistes, vu que les économies et les sociétés pauvres sont encore trop peu numérisées pour que les effets directs des TIC y soient assez perceptibles.

6.6.1 LES TIC SONT EFFECTIVEMENT DES INSTRUMENTS AU SERVICE DU DEVELOPPEMENT EN AFRIQUE

26 Pour au moins deux raisons, l'on peut affirmer que les TIC constituent des instruments au service du développement en Afrique

6.6.2 LES LIMITES DE L'APPROCHE COMPTABLE

6 Concernant l'économie informelle du secteur de la téléphonie mobile cellulaire, un article de l'au
27 Deux indicateurs sont généralement utilisés par les économistes des réseaux pour tenter d'apprécier correctement le poids des TIC dans le développement : il y a, d'un côté, la part des secteurs d'activité liés à la manipulation ou au traitement de l'information dans la constitution du PNB et, de l'autre, le nombre d'emplois liés à ces secteurs d'activité. On désigne ces deux indicateurs sous les termes de facteurs diffusants ou facteurs directs, car ce sont des effets directement appréciables. Le facteur diffusant ou facteur direct des TIC consiste en effet en la création directe de progrès économique et d'emplois à travers les activités d'équipement, de service et de manufacture (quand celle-ci existe). On peut parler dans ce cas d'`utput`, c'est-à-dire de rendement. Rien que sous ce rapport-là, le vaste secteur des TIC [opérateurs de réseaux et de services téléphoniques, fournisseurs d'accès à l'Internet, transporteurs de données, revendeurs de services, diffuseurs publics et privés de programmes audiovisuels,

emplois intermédiaires ou annexes (informaticiens, dépanneurs, distributeurs d'équipements informatiques et de télécommunications, etc.) représente actuellement un maillon important des économies africaines. Dans un contexte économique particulièrement morose sur le continent, le secteur global des télécommunications est actuellement l'un de ceux qui génèrent le plus d'investissements étrangers, d'emplois et donc de création de richesses en Afrique. Une enquête du cabinet Ernst &Young révèle, par exemple, qu'en 2008 les TIC ont représenté 6 % du PIB de la Côte d'Ivoire avec un chiffre d'affaires d'environ 700 milliards de FCFA (1.06 milliards d'euros). Pour la même année 2008, les investissements directs dans le secteur s'élevaient à 120 milliards de FCFA (0.182 milliards d'euros), et sur la période allant de 1997 à 2008 les investissements se sont élevés à 820 milliards de FCFA (1.25 milliards d'euros). Selon ladite étude, aucun autre secteur d'activité n'a pu réaliser des résultats aussi remarquables. Il convient par ailleurs de faire remarquer que la tendance dans les autres pays africains est globalement identique à celle observée en Côte d'Ivoire (*cf.* la même étude). Au demeurant, un rapport de Hot Telecom (un autre cabinet conseil), cité par le magazine panafricain *Réseau Téléc`m* (avril 2011), note que la part du secteur des TIC dans le PIB de l'Afrique du Sud, de la Tunisie et de la Tanzanie, en 2009, était respectivement de 7 %, 10 % et 20 %. Ce qui montre que le secteur est partout dynamique. À cela, il faut ajouter un secteur informel, tout particulièrement florissant et dynamique (notamment dans le domaine de la téléphonie mobile cellulaire), qui a su générer des centaines de milliers (voire des millions) de petits emplois et des revenus substantiels aux personnes de tous âges et de tous sexes qui l'exercent partout où les réseaux sont disponibles. 28 Toutefois, pendant longtemps, certains économistes ont glosé sur le fait que ces indicateurs étaient insignifiants dans la constitution du PNB des pays développés. Plus encore, dans les pays pauvres, la difficulté demeurait, en l'absence de statistiques fiables concernant ce secteur et de données sur la part de l'économie informelle des télécommunications, d'évaluer réellement le poids économique des TIC. En outre, l'approche strictement comptable (en termes financiers et de nombre d'emplois), si elle permet généralement d'appréhender le poids économique et social du secteur des TIC, n'est en revanche pas suffisante, voire pertinente, pour saisir le rôle véritable de ces outils dans l'ensemble de la mécanique socioéconomique. C'est-à-dire qu'elle est peu opératoire pour apprécier la contribution entière et réelle des TIC au processus global du développement. Dès lors, il est indispensable de distinguer la production des TIC (facteurs diffusants ou facteurs directs) de leur utilisation dans les activités économiques et sociales (c'est-à-dire leurs facteurs structurants ou facteurs indirects). Cette approche nous semble plus opérante car, dépassant le cadre souvent lacunaire des chiffres (recherche de la contribution au PNB et à la croissance, du nombre d'emplois générés), elle intègre les paramètres de l'observation empirique, c'est-à-dire le constat, les faits que l'arithmétique économique ne parvient pas toujours à saisir. C'est probablement d'avoir négligé cette dimension de l'analyse qui avait conduit Robert Solow à parler de paradoxe de la productivité que beaucoup d'analystes économiques rejettent de plus en plus maintenant.

29 Depuis quelques années, l'approche comptable a montré ses limites car il existe aujourd'hui des preuves factuelles qui montrent que les TIC constituent des instruments au service du développement (voir exemples concrets plus loin).

Les pil`tes c`mme agents de changement dans les télés centres c`mmunautaires au Mali
Cheick Oumar TRAORE

6.6.3 LE FACTEUR STRUCTURANT OU FACTEUR INDIRECT : UN INDICATEUR PLUS OPERATOIRE D'APPRECIATION DU ROLE DES TIC DANS LE DEVELOPPEMENT

30 Le facteur structurant ou indirect des TIC (qui existe depuis longtemps, mais est ignoré, voire contesté dans certains cas) consiste à stimuler le dynamisme des autres secteurs d'activité en facilitant l'exécution de multiples tâches dans les entreprises ou dans l'administration. Il consiste aussi en l'amélioration du confort social et sécuritaire des populations à travers, par exemple, le téléphone et l'Internet que nous utilisons pour communiquer dans maintes circonstances. La télévision et la radio sont devenues des éléments incontournables de notre quotidien et nul ne peut s'en priver trop longtemps en ville ou à la campagne. On peut parler ici d'*input* car, dans ces cas-ci, les TIC agissent plutôt comme un intrant socioéconomique. Il est difficile d'en apprécier la mesure et la portée réelles. Toutefois, une façon pragmatique d'évaluer cette dimension des TIC dans le développement consiste simplement à imaginer la conséquence de leur privation plus ou moins prolongée dans les circonstances et les multiples activités où nous avons la nécessité et l'habitude d'en faire usage. Une chose est certaine, ce facteur, quoique indirect, agit sur la rationalisation et la gestion de différentes activités (entreprises, services administratifs, programmes gouvernementaux de développement) ainsi que sur notre mode de vie au quotidien. Ces facteurs influent à leur tour sur le produit national brut, sur notre rendement et donc sur le développement. Les travaux du

chercheur J. Feather (1994), cité par F. Ossama [2001, p.66], montrent par exemple que l'utilisation des TIC, en modifiant le système de management des entreprises et des institutions, conduit à des changements structurels significatifs des activités économiques. Ainsi, l'information influerait notablement sur la production et la distribution des biens, servirait de support aux services comme le transport, les banques, les assurances, et donnerait une base supplémentaire de compétitivité.

31 À la réflexion, pour les entreprises, les administrations, les collectivités, les organismes de développement et les particuliers, la question ne devrait pas tellement être celle du rôle direct de la technologie elle-même, mais plutôt celle des conséquences organisationnelles de celle-ci sur leurs activités respectives, sur le mode de vie des individus. C'est la compréhension de cette causalité-là, nous semble-t-il, qui permettrait de mieux cerner les enjeux variés de développement liés aux TIC.

32 Le facteur structurant des TIC sur l'économie des pays africains est pour l'instant assez marginal du fait justement que les activités nationales dans ces pays sont encore très peu numérisé, et il convient de faire des efforts de ce côté-là. C'est-à-dire que, progressivement, la télématisation doit toucher les différents domaines d'activité: les industries, les services, les administrations publiques, les collectivités locales et même l'agriculture. C'est une exigence de notre époque. Ce qui devrait avoir pour incidence de rendre ces activités plus dynamiques et surtout plus compétitives.

33 Les exemples qui suivent montrent l'implication concrète des TIC dans le développement des pays africains :

34- Au niveau de l'aménagement du territoire :

7 Comsat (Communication Satellite Corporation) est le nom de l'entreprise américaine chargée de

communication.
35 L'observation montre que les régions traditionnellement caractérisées par une insuffisance notoire en infrastructures de développement de tous types sont de ce fait particulièrement redoutées et marginalisées des fonctionnaires et opérateurs économiques qui les considèrent comme des territoires inhospitaliers. Pour désenclaver et dynamiser ces régions, on recourt désormais aux TIC. L'État de Côte d'Ivoire, par exemple, a eu à recourir à partir de 1993, en partie, aux télécommunications, à travers un projet de transmission satellitaire baptisé Comsat, judicieusement intégré dans un programme élargi incluant un projet routier. Afin d'assurer une couverture totale du territoire ivoirien en réception radio et télévision, le gouvernement de Côte d'Ivoire avait signé en 1993 un contrat avec la société américaine Comsat pour l'acheminement des signaux des programmes nationaux. En 1996, le projet est entré dans sa phase opérationnelle et a permis de desservir le pays dans d'excellentes conditions d'écoute et de vidéo. En connectant les régions défavorisées au reste du pays et au monde, ces projets combinés ont apporté de significatifs changements dans le développement local, changements qui se traduisaient notamment en termes de rupture de la marginalisation géographique et d'attractivité régionale sur les plans économique et administratif. Malheureusement, la guerre civile de 2002 a provoqué la destruction de nombreuses stations relais de réception des signaux, replongeant du coup des régions entières dans leur situation initiale de marginalité. La crise postélectorale de novembre 2010 à avril 2011 a encore aggravé cette situation. Au regard de l'importance de ces équipements en termes d'aménagement du territoire et d'enjeux informationnels, leur réhabilitation est indispensable.

36- Au niveau de la gestion moderne des activités agricoles :
8 Utilisant les fonctionnalités du GP combinées au système d'Information géographique (SIG).
37 L'agriculture et la paysannerie constituent le pilier traditionnel de la plupart des économies africaines. Mais, assez paradoxalement, c'est le secteur qui a le moins bénéficié des avantages des télécommunications. Pourtant, à l'analyse, il ressort que ce secteur a beaucoup à gagner à utiliser ces instruments. C'est ce qu'ont compris depuis quelques années de nombreuses coopératives agricoles ivoiriennes qui recourent désormais aux TIC pour gérer plus dynamiquement leurs activités. Lors d'une enquête de terrain entreprise en 2003 dans le cadre de la rédaction de notre thèse de doctorat [Loukou, 2005], nous avons en effet pu observer que, dans les campagnes, que le téléphone, le fax et de plus en plus l'Internet sont aujourd'hui d'utiles instruments d'aide à une gestion plus dynamique des activités coopératives agricoles en Côte d'Ivoire. Cette tendance s'est même renforcée avec le temps. Par ailleurs, l'avènement de l'agriculture de précision, qui est une technique culturale innovante, d'application pratique simple mais efficace en termes d'accroissement de la quantité et d'amélioration de la qualité des productions ainsi que de préservation de l'environnement, ouvre des perspectives encore plus larges d'une utilisation avantageuse des TIC dans le secteur agricole national, notamment pour les nombreux agro-industriels.
38 - Au niveau de l'intégration de certaines activités à vocation régionale :
9 Créée en 1996, la Bourse régionale des valeurs mobilières (BRVM) est une institution financière.
39 Les TIC jouent aujourd'hui un rôle de premier ordre dans le fonctionnement entièrement télématisé et

décentralisé de la Bourse régionale des valeurs mobilières (BRVM) de huit pays de l'Afrique de l'Ouest. Sans elles, cette structure régionale de développement n'aurait jamais pu voir le jour et servir les intérêts des pays qui la composent. Au-delà de la facilitation du routage des ordres de bourse (de façon électronique, en temps réel et simultanée pour tous les intervenants de chacun des 8 pays), les TIC offrent là un bel exemple de modélisation des nouvelles formes et possibilités d'organisation et de dynamisation d'activités sur des espaces géographiques vastes et distants. Elles favorisent en même temps la nécessaire intégration économique et politique régionale pour des pays aux économies faibles considérées individuellement.

40- Au niveau des transactions monétaires interurbaines :

10 Le transfert dit électronique d'argent connaît un tel succès partout en Afrique qu'indépendamment
41 L'avènement des TIC a totalement bouleversé le mode traditionnel de transfert d'argent en Afrique, qui reste une activité très développée en raison de la dépendance financière de nombreuses populations des zones rurales vis-à-vis de celles des zones urbaines, et parfois inversement. Désormais, le transfert dit électronique d'argent est la procédure la plus usitée pour l'envoi d'argent entre deux villes d'un pays. Cette procédure est jugée plus fiable et plus rapide, le résultat étant quasi instantané. En effet, dans les instants qui suivent le dépôt de l'argent dans une agence agréée, et pourvu qu'il soit informé par téléphone mobile, le destinataire peut immédiatement retirer l'argent qui lui a été transféré en se rendant dans une agence locale des diverses entreprises qui opèrent dans ce domaine. Muni d'une pièce d'identité, il n'a qu'à communiquer le numéro de transfert, le code secret ainsi que le montant

de l'argent qui lui ont été préalablement communiqués au téléphone par l'émetteur.

42 Les nouveaux systèmes de transactions monétaires électroniques offrent de réelles possibilités de mettre les TIC au service du développement. Ils constituent un autre exemple patent de modélisation de nouvelles formes d'utilisation des TIC au service du développement en Afrique où le taux de bancarisation demeure encore très faible.

43 Bien entendu, au-delà de ces quelques exemples concrets, les applications multisectorielles des TIC dans le développement socioéconomique des pays africains s'étendent à d'autres

6.6.4 RECOMMANDATIONS POUR REUSSIR LA MISE EN ŒUVRE D'UN PROJET

7. ÉTUDES DE CAS

7.7.1 INTRODUCTION

Ces dernières années ont vu une recrudescence d'intérêt pour l'autonomisation des pauvres au travers des technologies de l'information et des communications (TIC) bon marché et à coûts abordables. Pour y parvenir, il faut des politiques pro-pauvres et des cadres réglementaires qui créent un environnement favorable au développement d'une infrastructure appropriée et abordable dans les régions mal desservies, des initiatives à grande échelle qui offrent des services facilement accessibles et abordables pour les pauvres, des projets durables avec des fonds suffisants, un engagement et une appropriation des projets, l'allocation de ressources humaines suffisantes pour en assurer l'entretien, et enfin un contenu approprié qui donne aux pauvres des outils pour améliorer leurs conditions et qualité de vie. Cette vue d'ensemble fait la synthèse des possibilités offertes par les nouvelles technologies et les questions que posent leur mise en œuvre dans des projets communautaires, notamment au sein de communautés pauvres, marginalisées et mal desservies.

Il est rare que l'initiative d'une seule institution ou d'un ministère réussisse à elle seule à obtenir un accès équitable, et ce n'est pas non plus le territoire des seules entités publiques ou des grandes entreprises de télécoms privées : les efforts à fournir pour desservir des marchés peu attrayants (généralement les régions plus pauvres et plus éloignées) sont le plus souvent vraiment trop importants pour les fournisseurs traditionnels de services de télécoms, pour de faibles rendements financiers. Pour atteindre les sections les plus défavorisées des sociétés en développement, il convient donc d'adopter une approche de politiques pro-pauvres, dont on trouvera l'analyse détaillée dans le module Questions politiques et réglementaires de la présente trousse de ressources.

Une grande variété de solutions ont malgré tout été proposées pour répondre aux besoins des populations mal desservies, notamment le développement de modèles d'entreprise innovants, qui impliquent la participation de divers propriétaires et acteurs comme les autorités municipales et locales, les coopératives, les modèles de propriété ou de direction communautaire, ou encore les modèles du secteur privé, qu'il s'agisse de grandes sociétés ou de petites entreprises locales. En règle générale, ces modèles innovants sont mis en œuvre à petite échelle, ils utilisent des technologies bon marché comme les réseaux sans fil et les logiciels libres, et la communauté y est fortement impliquée de diverses façons : elle contribue selon le principe d'apports personnels en main-d'œuvre à installer les appareils ou acheter des actions pour fournir le capital de lancement. Mettre en œuvre des projets d'accès aux TIC dans les communautés pauvres et marginalisées présente de nombreuses difficultés, notamment le manque d'accès aux infrastructures de TIC, le manque d'électricité pour faire fonctionner les appareils, le manque de connaissances des technologies disponibles dans un marché en continuelle évolution, le manque de compétences des ressources humaines pour élaborer, installer et entretenir les technologies, le manque d'accès des projets de grande envergure à des sources de financement, le manque de sensibilisation du public aux bénéfices d'un accès aux TIC, les difficultés à se frayer un chemin dans les bureaucraties locales, et le manque d'ouverture aux TIC des environnements politiques et réglementaires. En outre, il est courant de faire face dans ce domaine à des inégalités de genre, qui exigent des interventions spécifiques pour redresser la situation. Trois études de cas feront ici part de la façon dont quelques projets communautaires ont abordé ces questions et de leçons qui pourraient être utiles pour d'autres projets :

Le système d'information agraire de la vallée de Huaral au Pérou
Le projet de réseau sans fil du Népal
Le réseau d'informations médicales du Mozambique (MHIN).

Cet aperçu s'intéresse à la mise en œuvre selon les perspectives suivantes :

Un bref aperçu des différentes technologies disponibles et de la façon dont elles ont été utilisées. Les exemples englobent une grande variété de secteurs et d'applications afin d'illustrer comment les communautés pauvres ont bénéficié de ces technologies.

De nouveaux modèles d'entreprises et leur mise en œuvre dans les collectivités.

Des recommandations pour réussir à mettre des projets en œuvre.

Les pil`tes c`mme agents de changement dans les télés centres c`mmunautaires au Mali
Cheick Oumar TRAORE

7.7.2 CHOIX DE TECHNOLOGIES INNOVANTES

Les TIC se réfèrent à une variété de technologies anciennes, nouvelles et émergentes, notamment la radio, la télévision, la transmission voix et données par ligne fixe, la téléphonie sur protocole internet (VoIP), et plus récemment le développement de nouvelles technologies dans la téléphonie mobile et les nombreuses technologies sans fil. Le récent développement des TIC et les possibilités qu'elles offrent, comme l'internet et la technologie mobile, menacent les principaux médias traditionnels et réduisent la consommation du public, si bien que ceux-ci se tournent de plus en plus vers le mobile et les applications en ligne pour attirer leur public et leur permettre de contribuer au contenu - augmentant ainsi les possibilités d'interactivité pour les citoyens.

Le choix de la technologie peut être déterminant de la mesure dans laquelle les TIC sont utiles aux pauvres. La technologie la plus accessible reste généralement la radio, et le nombre croissant de radios communautaires joue un rôle essentiel pour offrir des informations adaptées localement aux communautés pauvres.

Depuis 1990, il a été fait grand cas de l'offre de l'accès téléphonique et internet aux communautés mal desservies par des points publics d'accès internet. De nombreux pays ont créé un service universel et des fonds d'accès en suivant des mécanismes publics pour apporter les fonds nécessaires à la mise en œuvre de l'accès, au travers de cabines publiques ou de télé centres communautaires qui offrent des services téléphoniques et internet à des tarifs abordables. En règle générale, les télés centres ont eu beaucoup de difficultés à atteindre un accès universel, et ce pour diverses raisons : un accès internet coûteux et peu fiable par connectivité de ligne fixe et par satellite, un système électrique peu fiable, ou encore un manque d'engagement ou d'appropriation, pour

n'en mentionner que quelques-unes. L'avènement des technologies sans fil a ouvert de nouvelles possibilités

meilleures marchées pour étendre l'offre de l'accès aux TIC et d'un accès équitable pour les pauvres. On favorise de plus en plus les options et les solutions de neutralité technologique (comme les mesures politiques souhaitant délibérément de ne favoriser aucune technologie en particulier), notamment les normes libres, le matériel libre et les logiciels libres, afin d'encourager les innovations au niveau communautaire. (Pour une analyse plus détaillée, voir l'aperçu du module Questions politiques et réglementaires).

7.7.3 TELEPHONIE MOBILE ET APPLICATIONS

Les communications mobiles, avec plus de deux milliards d'abonnés prévus fin 2008, ont connu une croissance impressionnante dans le monde entier. Elles ont notamment été largement adoptées dans les pays en développement, avec une croissance annuelle de 39- % en Afrique et de 28 % en Asie pour la période 2006-2007. 45 % des villages d'Afrique sub-saharienne y étaient connectés en 2006. La téléphonie mobile est également devenue la forme d'accès la plus populaire en Amérique latine et aux Caraïbes, qui ont vu leur utilisation passer de quatre millions en 1995 à plus de 300 millions dix ans plus tard. Il s'agit souvent du seul moyen de communication dont les pauvres disposent, même si dans la plupart des cas, cette pénétration du mobile s'est effectuée en l'absence de politiques de service universel ou d'accès.

Tout pointe vers une modification du modèle économique dans la prestation des télécommunications, qu'il s'agisse de la mise à disposition de mobiles de plus en plus flexibles et à coûts de plus en plus abordables ou de la contribution évidente de l'utilisation pro-pauvres à l'extension de la pénétration, et ce en dépit des faibles rendements de ces marchés. La prestation de services de télécommunication mobile exige cependant des installations coûteuses effectuées selon les cadres réglementaires en place, et elle est entre les mains d'entreprises privées et/ou publiques. Ce système empêche la viabilité d'une propriété communautaire, mais a tout de même permis les innovations pro-pauvres pour la réduction des coûts d'utilisation du mobile, avec la popularité des systèmes prépayés, la possibilité de partager un téléphone mobile, le rappel automatique, la "vente" informelle de services téléphoniques des propriétaires de mobiles, la large utilisation des SMS, et les nombreux projets de micro-financement pour les vendeurs de mobiles.

Voici quelques-unes des utilisations possibles du mobile qui se sont révélées utiles aux pauvres :

Le système de téléphones villageois Grameen, au Bangladesh, est de loin l'exemple le plus connu. Un partenariat entre plusieurs institutions décide de faire l'essai d'une entreprise populaire afin d'offrir ses services aux pauvres. Le modèle suivi est celui d'un service partagé visant les communautés pauvres, avec une institution de micro-financement (Grameen Bank) pour financer le système, une compagnie de mobiles pour offrir ses services de télécommunications mobiles, et une institution de développement (dans ce cas, la Fondation Grameen) pour faciliter les rapports entre les institutions. Un système d'opérateurs téléphoniques villageois fonctionne actuellement dans des villages où il n'y avait auparavant aucun service de télécommunications. La location des téléphones permet de payer les emprunts et de produire des revenus.

En Namibie, on voit apparaître une combinaison intéressante d'anciennes et de nouvelles technologies, certains journaux offrant gratuitement d'imprimer des SMS dans des encarts séparés pour ceux qui n'ont pas accès au téléphone mobile.

En Afrique australe, les systèmes d'échange de messages comme le MXit (une technologie du GPRS/3G) ont également connu un immense succès auprès des jeunes, cette technologie leur permettant de tchatter avec des gens à l'ordinateur ou avec d'autres utilisateurs du MXit sur leurs mobile, et ce, depuis n'importe où dans le monde, pour la somme extrêmement modique de moins de 0,001 dollar US la minute.

On offre aujourd'hui un large éventail de services et d'applications dont bénéficient les communautés pauvres, dans des domaines aussi variés que les renseignements par SMS sur l'état du marché pour les agriculteurs, les services bancaires sur mobile pour les pauvres, ou les PDA (assistants personnels numériques ou ordinateurs de poche) pour améliorer les services de santé (voir l'étude de cas du Réseau d'informations sur la santé du Mozambique). Les exemples ci-dessous illustrent les différentes possibilités qu'offrent les applications :

Un rapport récent sur les services bancaires sur mobile pour les pauvres (2006) décrit comment ceux-ci fonctionnent aux Philippines et offrent des services bancaires aux personnes sans compte en banque. En utilisant cette technologie mobile entre deux réseaux de mobiles, les clients peuvent maintenant effectuer un certain nombre de transactions, notamment recevoir des fonds de l'étranger à des coûts de transaction réduits.

Étant donné le faible niveau d'alphabétisme requis pour utiliser les téléphones mobiles et l'anonymat qu'ils permettent d'avoir, ils ont largement contribué à mobiliser les activistes pour les droits humains et la démocratie. Ainsi, une ONG pour les droits humains a créé un portail web qui permet aux groupes de plaidoyer d'élaborer des campagnes autour de leurs propres films vidéo, dont la plupart ont été filmés avec des téléphones

mobiles. Il existe également de nombreux cas de communautés ayant réussi à obtenir des élections plus justes en signalant des irrégularités de vote de façon anonyme (Ghana), en organisant des manifestations (Philippines et Ukraine), et en dénonçant la corruption.
Il est également possible de faire un mélange téléphones mobiles et radio, comme dans le cas du projet Radio interactive pour la justice de la République démocratique du Congo, dans lequel les habitants peuvent envoyer des SMS anonymes à des invités membres du gouvernement congolais et des Nations Unies, qui leur répondent au cours de programmes radiophoniques.

L'envoi de SMS sur les téléphones mobiles permet d'informer les agriculteurs et les pêcheurs des conditions du marché et des prix pratiqués, si bien qu'ils sont en mesure de déterminer d'eux-mêmes à quel moment vendre leurs produits et sur quel marché.

L'Institut Meraka en Afrique du Sud a fait l'expérience d'offrir la téléphonie mobile dans le domaine de l'éducation, notamment pour les enfants pauvres qui n'ont pas accès aux ressources pédagogiques ni à l'internet. Ils ont récemment élaboré une application mobile libre qui permet aux écoliers d'envoyer des questions sur leurs projets par SMS. Le système accède à la Wikipedia et renvoie automatiquement les réponses par SMS.
Les mobiles sont également de plus en plus utilisés par les ONG pour un « activisme » mobile, et ce pour de nombreuses situations, par exemple dans les cas de secours d'urgence, pour la protection de l'environnement, ou pour des initiatives de services de santé communautaires, afin de s'assurer que les régimes de médication soient suivis dans le soin de maladies

comme la tuberculose et le VIH/sida.

La pénétration du mobile est très importante, mais il reste de nombreuses zones dans lesquelles il est très peu probable que les opérateurs de mobile n'aillent offrir leurs services, notamment dans les zones éloignées et peu peuplées, dont les habitants sont trop pauvres pour pouvoir payer des coûts élevés de communication. Il est vraisemblable que les nouveaux venus dans le secteur du mobile ne trouvent eux aussi ces régions peu attrayantes, et tant les structures centralisées de réseaux mobiles nécessaires (impliquant un modèle descendant avec peu d'acteurs) que les coûts élevés d'installation sont également des problèmes à résoudre.
L'avènement de nouvelles technologies sans fil comme le Wifi et le WiMAx, et la construction de réseaux sans fil par les communautés ont quant à eux créé de nouvelles possibilités pour atteindre les pauvres des régions rurales.

7.7.4 TECHNOLOGIES SANS FIL

L'ensemble de technologies le plus important qui ait été élaboré depuis le début des années 1990 est appelé Wifi, ce qui consiste en une plateforme de réseaux sans fil basée sur une norme internationale, 802.11, qui fonctionne dans le spectre 2,4 Ghz à 5 Ghz, et dont la portée est d'environ 150 mètres. À l'origine censé fonctionner dans des environnements intérieurs en utilisant un spectre sans licence, il permettait d'installer des réseaux locaux sans fil dans les immeubles. Fin 1990, la norme IEEE 802.11b a été créée pour offrir la possibilité d'interopérabilité, permettant ainsi aux ordinateurs portables et de bureau d'être reliés en réseau sans nécessiter de câbles gênants et coûteux. Ce système a rapidement été élargi pour être déployé en extérieur, pour permettre aux ordinateurs d'être reliés sans fil entre les immeubles et sur de courtes distances.

Le fait que le Wifi fonctionne selon des normes libres signifie que les fournisseurs de services sont libres de choisir quelles technologies et logiciels ils souhaitent déployer pour l'installation de leurs réseaux, et qu'ils ne sont pas obligés d'utiliser les logiciels ou les matériels propriétaires. Pour les communautés pauvres, cela donne la possibilité d'établir des réseaux bon marché avec des technologies localement disponibles et à coûts relativement faibles. Combiner différentes technologies est également une façon de donner aux petits acteurs un rôle à jouer sur la scène des télécommunications, en leur permettant d'offrir des prestations téléphoniques et internet aux communautés locales. Cependant, dans de nombreux pays, les cadres réglementaires interdisent la prestation de ces services, et il faut donc entreprendre des actions de plaidoyer pour faire changer les choses et autoriser le déploiement des réseaux Wifi. Deux des études de cas analysées dans ce module de mise en œuvre de projets (le Système d'informations agraires de Huaral et le projet de réseau sans fil du Népal) illustrent comment le fait d'exercer une pression politique sur les réglementations peut permettre d'offrir des prestations de services à des communautés pauvres. Dans le cas de Huaral, le comité d'irrigation, une organisation communautaire locale aidant les agriculteurs, a obtenu l'autorisation d'offrir des services télécoms à ses membres, chose auparavant interdite. Dans le cas du projet du Népal, le coût des droits de licence a pu être considérablement réduit (de 2 000 dollars US à moins de 2 dollars US), ce qui a permis aux réseaux communautaires d'offrir des tarifs abordables et d'avoir plus de chances d'être économiquement viables.

Voici cinq ans, une nouvelle norme a été créée, IEEE 802.16, plus connue sous le nom de WiMAX, qui fonctionne sur une plus grande bande de fréquences (entre 2 et 11 Ghz), et qui permet d'offrir une large bande de meilleure qualité sur des distances plus grandes, de 35 à 40 kilomètres. Cette technologie n'est cependant pas encore très bon marché, et est sujette à des restrictions réglementaires dans de nombreux pays.

Les réseaux sans fil fonctionnent pour de nombreux projets et offrent un accès durable et abordable aux communautés, principalement en raison de leurs faibles besoins en entretien. Des spécialistes enthousiastes en réseaux sans fil se sont également regroupés en ligne pour aider avec leur savoir-faire. À continuation, des exemples illustrent les nombreuses façons d'installer des réseaux sans fil pour des projets communautaires :

La distribution en eau potable dans les zones rurales est une activité essentielle, aujourd'hui effectuée manuellement dans beaucoup de pays en développement. Un projet a récemment
débuté au Malawi et en Tanzanie pour installer un réseau de senseurs sans fil à faible consommation électrique afin de contrôler la qualité de l'eau dans les villages. L'objectif est de former des professionnels qui puissent monter des entreprises basées sur cette technologie.

La Fondation Fantsuam au Nigeria a installé le premier réseau sans fil communautaire du pays, ZittNet. Suite à une évaluation sur le genre, elle s'est cependant rendu compte que les femmes utilisaient peu ce service. Fantsuam espère augmenter la participation des femmes aux services sans fil d'environ 30 % en 12 mois.

En Afrique du Sud, des réseaux sans fil maillés communautaires ont été mis à l'essai au moyen de « cantennes », pour établir des communications entres les écoles, les hôpitaux et les communautés. Un autre projet a permis de placer plusieurs centaines de Portes numériques, des terminaux de source libre offrant un accès autofinancé, dans des lieux publics stratégiques des communautés pauvres, le système est maintenu par un membre de la communauté. Ce système, autofinancé, permet aux utilisateurs d'avoir accès à l'internet et à différents types de contenus, comme la Wikipedia. Le modèle commercial est en cours de finalisation, grâce aux fonds apportés par le ministère national des Sciences et Technologies dans le cadre de son soutien à la connexion des communautés mal desservies.

7.7.5 MODELES COMMERCIAUX ET POSSIBILITES DE PROJETS COMMUNAUTAIRES DE TIC

Les nouvelles options technologiques ouvrent le champ à de nouveaux modèles commerciaux qui permettent d'assurer un accès aux TIC plus économique pour les pauvres. Les obstacles du démarrage ont été réduits grâce aux moindres investissements nécessaires, à la présence d'informations (et de plus en plus d'études de cas) sur les approches ascendantes pour installer des réseaux communautaires et des programmes d'accès aux TIC, grâce enfin à la convergence des technologies qui ouvrent la porte à de nouvelles possibilités plus économiques. En outre, la communauté internationale des donateurs s'intéressent de plus en plus aux modèles de propriété communautaire dans la mise en œuvre des projets favorisant les TIC.

Les pil`tes c`mme agents de changement dans les télés centres c`mmunautaires au Mali
Cheick Oumar TRAORE

7.7.6 Modèles de propriétés communautaires et modèles dirigés par les communautés

Parmi les possibles engagements, il peut s'avérer important d'impliquer la communauté elle-même à un projet. Il ne s'agit pas uniquement de mise en œuvre dans les communautés pauvres, puisque des modèles existent également dans des projets sans relation avec le développement, et ce type de modèle ne s'applique pas toujours forcément à des projets concernant les nouvelles technologies de TIC.

Modalités à suivre pour une implication de la communauté :

Participati`n c`mmunautaire par c`nsultati`n : La plupart des projets de développement estiment qu'il est essentiel de favoriser la participation active des communautés dans les différentes étapes de la mise en œuvre d'un projet. Une grande importance est accordée à la participation et aux apports des habitants afin de s'assurer que les objectifs du projet soient acceptés.

Participati`n de la c`mmunauté à la prise de décisi`ns : Il est possible d'impliquer les communautés à diverses étapes de la mise en œuvre du projet, que ce soit pour la conceptualisation, la planification, l'intendance, ou la mise en œuvre de grande envergure. Elles s'approprieront le projet grâce à des accords contractuels avec des partenaires qui s'occuperont de la mise en œuvre elle-même et dirigeront le projet, ou encore si elles peuvent prendre la suite lorsque le projet prendra fin. Ce processus implique que la communauté assume divers degrés de direction et de gestion, soit au travers de mécanismes consensuels, soit par la nomination d'un dirigeant qui travaillera étroitement avec les partenaires pour la mise en œuvre.

Pr`priété c`mmunautaire grâce à des initiatives aut`n`mes et dirigées par la c`mmunauté : La communauté elle-même met en œuvre le projet et est chargée du processus dans son ensemble. Des partenariats peuvent être conclus à différents niveaux (avec le gouvernement, un soutien technique ou financier), et seront formels ou non, liés par contrat ou par l'utilisation des réseaux pour accéder à une formation, des compétences et un savoir-faire. Le niveau du contrôle communautaire peut varier :

Les contributions de la population selon le principe d'apports personnels en main-d'œuvre, selon lequel les membres souhaitent offrir leur temps pour la mise en œuvre d'un projet, que ce soit par l'installation des équipements, la construction de l'infrastructure, la mise en sécurité du matériel de TIC dans les centres communautaires, ou la contribution de bénévoles pour former les autres membres de la communauté.

La gestion communautaire en utilisant des processus décisionnels adaptés culturellement, qui peut prendre la forme de consultations avec les principaux dirigeants locaux, de mise en place de structures de direction comme les forums communautaires, ou l'utilisation de structures communautaires préexistantes ou convoquées spécialement, comme les groupes de femmes ou les groupes religieux.

Des structures de gestion plus formelles, notamment la création d'une structure hiérarchique avec des employés (bénévoles ou non), la mise en place d'un comité d'administration, de comités consultatifs, ou d'élus locaux, liés par contrat à donner une direction stratégique au projet. Dans l'étude de cas de Huaral, les commissions d'irrigation composées d'agriculteurs élus localement font donc partie de cette catégorie.

Une propriété communautaire grâce à des mécanismes tels que les coopératives (voir la section sur les coopératives ci-dessous), dans lesquelles les membres ou les travailleurs possèdent des parts et ont droit de vote pour le projet, de la même façon que dans les syndicats.

Les nouveaux modèles dirigés par la communauté
La facilité de déploiement et les investissements relativement faibles nécessaires aux services voix et données des réseaux sans fil ont permis à de nombreuses expériences et études de faisabilité d'être conduites afin de déterminer s'il est possible de les appliquer dans les communautés pauvres, en leur permettant d'en devenir propriétaires et d'en assurer l'entretien elles-mêmes ou par l'intermédiaire de partenaires. Les études de cas de Huaral et du Népal sont des exemples de modèles dirigés par la communauté dans lesquels celle-ci est propriétaire des structures communautaires locales (respectivement commissions d'irrigation appartenant aux agriculteurs et écoles).

Le PNUD a récemment commandé une série d'études sur la faisabilité de divers modèles dirigés par la communauté dans quatre pays d'Afrique de l'Est. Ces études, entreprises en collaboration avec les gouvernements, les communautés et les instituts locaux de recherche en Tanzanie, au Kenya, au Rwanda et en Ouganda, présentent des projets commerciaux et des estimations de coûts pour l'installation et l'entretien de réseaux sans fil communautaires qui comprennent les besoins et coûts en énergie, un facteur essentiel souvent négligé dans la mise en œuvre. Ces études indiquent également la nécessité pour les cadres politiques et réglementaires de prendre connaissance des approches ascendantes conduites par les communautés à la prestation de services de télécoms dans les régions mal desservies.

8. COOPERATIVES

Cela fait longtemps que les coopératives existent pour répondre aux besoins culturels, économiques et sociaux des communautés, qu'il s'agisse de la construction d'infrastructures comme les systèmes électriques ou d'irrigation, de l'achat de grains et de matériel agricole qui profite à l'ensemble des agriculteurs, ou encore pour des acquis politiques comme dans le cas des coopératives formées pour lutter contre l'apartheid en Afrique du Sud.

C'est généralement dans les communautés rurales et éloignées que les coopératives de télécoms sont formées, dans les régions peu intéressantes financièrement pour les opérateurs de télécoms traditionnels. Les coopératives ont un rôle crucial à jouer dans l'apport des TIC aux communautés rurales pauvres, et bien qu'elles n'existent que dans peu de pays, elles connaissent un large succès. Ce modèle a été adopté avec succès notamment aux États-Unis, en Argentine et en Bolivie. En Pologne, le modèle coopératif est légèrement différent puisque la Loi des télécommunications de 1990 a autorisé la création de 44 licences en concurrence avec l'opérateur étatique. En Afrique du Sud, on octroie des licences spéciales pour les régions mal desservies (les USAL).

Toutes ont été formées dans le but de développer des services de ligne fixe, avant l'arrivée du mobile et des possibilités offertes par les réseaux sans fil. On trouve les premiers exemples de coopératives basées sur les TIC dès la fin des années 1950/début des années 1960 dans des zones rurales des États-Unis et de l'Argentine, pays dans lesquels le déploiement de l'infrastructure des télécommunications a été largement effectué grâce aux coopératives rurales, par leurs contributions financières, la propriété partagée, et le principe des apports personnels en main-d'œuvre pour mettre en place l'infrastructure commune à la prestation de services de télécommunication. Nombre de ces coopératives existent toujours aujourd'hui et continuent d'offrir un grand choix de services voix et données aux petites communautés rurales mal desservies ; c'est d'ailleurs la prestation de multiples services qui leur a permis de subsister. Le succès de leur mise en œuvre a également dépendu de la création d'accords favorables d'interconnexion avec les opérateurs historiques de télécoms et/ou l'envoi de subventions, comme dans le cas des États-Unis. La plupart des coopératives ont débuté avant l'arrivée de la téléphonie mobile, ce qui a facilité leur capacité à les faire fonctionner.

8.8.1 MODELES DIRIGES PAR LE GOUVERNEMENT

Les gouvernements ont mené de nombreuses initiatives s'adressant à l'accès pro-pauvres aux TIC, les plus connues consistant à créer un service universel ou un fonds d'accès. Les modèles suivis varient, entre les subventions allouées directement aux personnes concernées, les subventions aux opérateurs de télé centres pour assurer un certain niveau de viabilité financière, ou encore les bourses et subventions allouées aux opérateurs de télécommunications pour qu'ils construisent une infrastructure de TIC dans les régions non régies par les forces du marché. Ces partenariats public-privé ont pour la plupart été mis en place en suivant des processus d'acquisition pour établir un accès pro-pauvres.

8.8.2 *RESEAUX LARGE BANDE MUNICIPAUX*

La récente mise en place de réseaux large bande municipaux est un modèle intéressant dans lequel le marché ne participe pas et qui considère les services large bande de la même façon que les routes, comme un bien commun. Le monde développé multiplie ce type d'initiatives, notamment aux États-Unis où on voit par exemple surgir des réseaux appartenant aux résidents d'immeubles et qui se chargent eux-mêmes de leur entretien, comme à Bristol en Virginie. Dans les pays en développement, ces initiatives existent notamment à

Knysna en Afrique du Sud et avec le projet de réseau sans fil du Népal (voir l'étude de cas de cette trousse de ressources). L'arrivée de ces réseaux sans fil bon marché, parfois combinés avec des réseaux de fibre sans fil, permet d'offrir des services compétitifs aux communautés qui rivalisent avec ceux des grandes villes. Le gouvernement indien a même fait des déclarations selon lesquelles il souhaitait, avec le financement du Fonds d'obligation de service universel, offrir la connexion gratuite à une large bande de 2 Mb de débit à l'ensemble du pays. Il n'est pas encore confirmé que ces services soient également proposés dans les régions pauvres et éloignées.

8.8.3 PRESTATION DE SERVICES AUX COMMUNAUTES

Outre les fonds de service universel, des gouvernements ont fait le choix de diriger la prestation de services de TIC dans les communautés, avec ou sans partenaires externes. En Inde par exemple, le gouvernement a entrepris diverses actions de prestation de services pour les pauvres :

Le projet de village filaire de Warana était un projet de gouvernement en ligne pour aider les producteurs de canne à sucre, financé à hauteur de 50 % par le gouvernement national, à 40 % par le district, et à 10 % par les coopératives des agriculteurs de Warana. Le projet a ensuite intégré le Projet sans fil de Warana avec la collaboration de Microsoft Research India, qui intègre dans le système d'internet d'origine des PC un service d'envois de SMS par portable afin de pouvoir offrir un accès à temps réel aux prix du marché, aux calendriers de remboursement, aux demandes de permis et au rendement de chaque producteur de canne à sucre. Selon les évaluations, ce système a du succès, mais il serait plus utilisé par les communautés et elles en bénéficieraient plus s'il y avait une plus grande participation communautaire, notamment des femmes et des pauvres.

Lokvani est un programme de partenariat public-privé entre l'administration du district de Sitapur et le Centre national d'informatique de l'Inde. Ce projet vise à offrir des services de gouvernement en ligne pour que les communautés puissent exposer leurs griefs et lever des pétitions sur l'internet et/ou par SMS. Le gouvernement est gagnant, puisqu'il peut ainsi suivre les performances des ministères nationaux, et les citoyens aussi, puisqu'ils ont ainsi divers canaux à leur disposition pour faire entendre leurs inquiétudes.

Au Mozambique, un projet actuellement en cours tente d'introduire des ordinateurs de poche auprès des travailleurs des services médicaux en zone rurale afin qu'ils puissent obtenir des informations médicales. Ce projet est décrit dans l'étude de cas sur le Réseau d'informations médicales du Mozambique (MHIN) de cette trousse de ressources, qui est un exemple de projet gouvernemental de télésanté mené en partenariat avec l'ONG AED-Satellife.

Les pil`tes c`mme agents de changement dans les télés centres c`mmunautaires au Mali
Cheick Oumar TRAORE

8.8.4 MODELES DU SECTEUR PRIVE ET CREATION D'ENTREPRISES COMMUNAUTAIRES

Le secteur privé se montre de plus en plus intéressé par les services aux communautés jusque-là non desservies. Tant les communautés pauvres que le secteur privé peuvent bénéficier de nombreux services rendus possibles grâce à la meilleure portée du sans fil à bas coût et autres technologies similaires, et à l'existence de réseaux sociaux dans les communautés locales. Ce modèle est largement suivi, notamment pour les services bancaires et de nombreuses applications innovantes pour la production agricole, ce qui permet d'illustrer comment les communautés peuvent tirer profit du secteur privé et de son sens de l'organisation, de son expérience du marché, de ses investissements de capitaux, mais également d'une nouvelle panoplie de services dans les communications et les services. Des mécanismes permettent d'améliorer les compétences en affaires des communautés, notamment des systèmes de mentors, de réseaux de soutien des compétences et de transfert de compétences techniques. Les partenariats entre petites entreprises et communautés apportent également de nouvelles opportunités pour créer des modèles dont bénéficient toutes les parties, dans lesquels les entrepreneurs apportent leurs compétences en affaires à la table des activités de développement social. Voici quelques exemples permettant d'illustrer des applications possibles de ce modèle :Les nouvelles technologies bon marché offrent de nouvelles possibilités aux institutions bancaires de nombreux pays en développement pour desservir les communautés isolées et pauvres avec des services

bancaires du « dernier kilomètre ». On voit apparaître divers modèles, allant de l'utilisation généralisée des services bancaires mobiles aux Philippines, à la mise en place d'agents locaux servant de banquiervirtuels dans les communautés. Les modèles utilisent les structures de vente à l'antenne, des entreprises communautaires et de la distribution mobile, qui sont mieux structurées et plus solides que celles du secteur bancaire. Ces initiatives de services bancaires du dernier kilomètre qui font participer les membres des communautés représentent de nouvelles sources potentielles de revenus pour eux, grâce aux partenariats entre le secteur privé et les réseaux communautaires déjà existants que la téléphonie mobile bon marché et les technologies sans fil rendent possibles.

Le cas bien connu des Chou pals numériques en Inde illustre comment chacun peut tirer profit d'un partenariat entre gouvernement, grande entreprise du secteur privé (ITC Ltd en Inde) et communauté. Cette initiative basée sur l'internet fonctionne depuis juin 2000 et offre des services agricoles à plus de quatre millions d'agriculteurs de plus de 40 000 villages, à travers plus de 6 500 cabines que les agriculteurs locaux font fonctionner. L'énorme investissement initial en infrastructures de TIC, notamment en technologies telles que des appareils mobiles ou utilisant des sources d'énergie alternatives, a été fourni par le secteur privé.

De nombreux projets de développement des TIC sont handicapés par la question de la viabilité, qui entraîne souvent de bons concepts à échouer dans leur mise en œuvre. De plus en plus, on voit des partenariats s'établir entre les projets de développement communautaire et les entrepreneurs locaux. On peut ainsi citer l'exemple de modèle innovant de Soweto, en Afrique du Sud, qui tente de mettre en œuvre de façon durable des laboratoires informatiques dans des écoles défavorisées.

Un entrepreneur local a été chargé d'ouvrir ces laboratoires, qui utilisent des logiciels libres, à la communauté après les heures d'école. L'objectif est de voir si ce modèle engendrera assez de revenus pour intéresser les entreprises, faisant en outre gagner plus d'argent à l'école. Si cela fonctionne, ce modèle devrait être reproduit au niveau national.

9. RECOMMANDATIONS POUR REUSSIR LA MISE EN ŒUVRE D'UN PROJET

M`biliser les c`mmunautés et leurs dirigeants dans le plaid`yer de p`litiques pr`-pauvres et d'un envir`nnement réglementaire adéquat là `ù il n'y en a pas : Les environnements réglementaires et de politiques ont considérablement changé ces dernières années, et on commence à séparer la prestation de services de réseaux et celle de leur infrastructure, ce qui modifie le rôle des opérateurs traditionnels et ouvre la voie à la prestation d'un plus large choix de services TIC, qui nécessitent chacun des politiques et réglementations différentes. Les modèles propriétaires évoluent et notamment les acteurs impliqués, passant du modèle traditionnel avec un nombre limité de grands opérateurs de télécoms, à un modèle ouvert qui fait jouer un rôle aux communautés dans la prestation de services de TIC. Cependant, dans de nombreux pays en développement, il faudra l'aide de groupes de pression pour agir sur les politiques et les réglementations si les communautés veulent bénéficier de la nouvelle convergence des technologies. Cela a été le cas à la fois à Huaral (Pérou) et au Népal, où ce sont des groupes de pression qui ont agi sur le gouvernement pour remédier aux problèmes des réglementations. Il se pourrait donc que les communautés doivent plaidoyer activement et mener des campagnes de sensibilisation pour accélérer les changements en matière de politiques et de réglementations pro-pauvres. On constate cependant une certaine évolution vers l'inclusion de nouveaux modèles dans les débats internationaux et régionaux, notamment suite au succès de modèles locaux qui se font connaître au niveau international.

Les pil`tes c`mme agents de changement dans les télés centres c`mmunautaires au Mali
Cheick Oumar TRAORE

Créer des services appréciés par les c`mmunautés : Les Projets communautaires seront viables à partir du moment où la communauté commence à proposer elle-même ces services. Les études de cas où la mise en œuvre a réussi montrent que l'implication de la population dans la mise en œuvre, que ce soit par consultation effectuée par des bénévoles pour déterminer quels services seraient les plus adéquats, ou par la création de nouveaux emplois pour les membres de la communauté, a largement contribué à la viabilité sociale du projet. Il est également intéressant d'utiliser les réseaux communautaires en place pour offrir des services au nom du gouvernement (par exemple, la collecte de données médicales, la surveillance de l'état de l'environnement, l'épidémiologie, les services de gouvernement en ligne) ou du secteur privé (services bancaires, réserves pour la moisson de l'agriculture locale ou points de distribution de produits et services agricoles, comme dans le cas des Chupals numériques en Inde).

Planifier un renf`rcement c`nstant des principales c`mpétences techniques : Il arrive souvent que des projets qui offrent des compétences en TIC aux membres des communautés les voient partir pour d'autres projets ou vers le secteur commercial dès l'acquisition de compétences commercialisables. Il convient que le projet prévoit des programmes de formation et un renforcement constant des capacités pour pouvoir remplacer les postes clés et assurer la viabilité du projet en termes de ressources humaines.

M`biliser la c`mmunauté et les principales parties prenantes p`ur `btenir une large acceptati`n : Cela prend du temps de bâtir une relation de confiance, mais la présence d'un dirigeant local est essentielle, qu'il s'agisse d'une personne ou d'une institution. De nombreux exemples d'applications diverses le démontrent. Ainsi, pour le projet d'irrigation de la vallée de Huaral au Pérou (voir l'étude de cas), le comité local d'irrigation a pris la direction du projet et se l'est appropriée, si bien que c'est un dirigeant solide qui a pris sur lui d'adapter les politiques et les réglementations pour permettre aux communautés de devenir propriétaires des réseaux sans fil et de les faire fonctionner en tant que fournisseurs de télécommunications.

Établir une viabilité techn`l`gique : Il est essentiel de choisir une technologie abordable financièrement, de facile entretien pour les communautés et d'utiliser les ressources maintenant disponibles grâce aux réseaux d'experts, notamment ceux qui s'intéressent à la mise en place de réseaux sans fil et maillés, ainsi que les réseaux de ressources comme la communauté Mobile Active. Le Féministe Technology Exchange (FTX) récemment formé vise à former plus de femmes aux aspects techniques et met à leur disposition un réseau de soutien informel. Il conviendrait également d'explorer encore les sources alternatives d'énergie pour fournir l'électricité requise.

Assurer une viabilité financière : La viabilité financière des projets communautaires de petite échelle et de leurs objectifs de développement pose souvent problème. Il convient de créer des mécanismes de financement pour assurer la viabilité, qui utilisent notamment :

Des fonds de service universel (lorsqu'ils existent) et des subventions et/ou un déploiement d'infrastructures pour aider à la prestation de services de TIC dans les régions mal desservies.

Les pil`tes c`mme agents de changement dans les télés centres c`mmunautaires au Mali
Cheick Oumar TRAORE

Des prêts à taux d'intérêt nul ou très bas, comme dans le cas du modèle des coopératives rurales aux États-Unis.

L'incorporation du projet au travers de partenariats avec d'autres institutions, afin de générer d'autres sources de revenu, notamment l'accès à des crédits au travers de syndicats ou d'entreprises de micro-financement (comme dans le cas du projet de téléphonie du village de Grameen).
La mise en place de mécanismes permettant de recouvrer des fonds pour la prestation de services à la communauté, notamment par :
L'abonnement des membres
Des cotisations mensuelles pour les utilisateurs
Des tarifs selon l'utilisation pour services rendus
L'apport en main-d'œuvre des membres de la communauté pour installer les réseaux et le matériel de TIC
L'utilisation de bénévoles pour l'aide et la formation
Les contributions en nature comme le don de bâtiments ou d'ordinateurs
La mise en commun de ressources communautaires pour obtenir un capital suffisant à la création d'entreprises.

La demande de dons du public international, comme l'a fait le projet de réseau sans fil du Népal, qui a mis en place un système de dons d'un dollar en partenariat avec une université des États-Unis, ce qui constitue un autre modèle intéressant.

9.9.1 ÉTUDES DE CAS

Ce module comprend trois études de cas et fournit une liste de ressources complémentaires. Les études de cas des projets communautaires sont décrites ci-dessous.

Projet	Description du projet	Points importants du projet
Réseau d'informations sur la santé du Mozambique (MHIN)	Le personnel médical utilise des réseaux de mobile et des ordinateurs de poche pour recueillir, transmettre et gérer des données médicales, suite à l'engagement du gouvernement à offrir	Les utilisateurs font partie du personnel médical et sont le plus souvent relativement âgés, et moins ouverts aux nouvelles technologies. Grâce à une formatio

Les pil`tes c`mme agents de changement dans les télés centres c`mmunautaires au Mali
Cheick Oumar TRAORE

	des services médicaux abordables aux communautés	n appropriée, ils ont pu recueillir des informations et des données dans un domaine qui est utile à la population. L'étude de cas porte sur les éléments essentiels qui permettent de faire évoluer un prototype en projet pilote et d'aboutir finalement à un

		déploiement durable.
Le système d'informations agraires de la vallée de Huaral, Pérou	Le projet fournit l'accès au téléphone et à l'internet pour les communautés pauvres d'agriculteurs et leur donne accès à un système d'informations agraires	À l'origine destiné à la gestion des canaux d'irrigation à l'aide des TIC pour les agriculteurs locaux, le projet a évolué pour offrir également des prestations de télécoms et un accès internet

			à des communautés pauvres qui auraient autrement été exclues de ces ressources.
Projet de réseaux sans fil du Népal		Des réseaux sans fil peu coûteux et d'entretien facile utilisés dans des lieux isolés du Népal pour offrir un accès internet et téléphone à des communautés dispersées et marginalisées	La combinaison d'un solide soutien de la part de la communauté et de dirigeants locaux efficaces donne accès à des services de communication, communautaires et

		d'entreprises très demandés. Cette étude de cas est l'exemple parfait de la mise en œuvre d'un projet communautaire disposant de peu de ressources mais capable de défier les cadres politiques en vigueur pour autoriser l'utilisation des nouvelles technologies pour

		que les communautés pauvres accèdent aux TIC.

D'autres modules de cette trousse de ressources présentent également des études de cas intéressantes pour la mise en œuvre de projets au niveau communautaire :

Projet	Description du projet	Points importants
Offrir l'accès universel : FITEL, Pérou	Ce programme présente des mécanismes qui permettent de minimiser les subvention	On sait que l'installation de téléphones publics permet à la population d'économ

		s requises pour que les entreprises de télécoms élargissent leur réseau dans les zones non commerciales	iser en coûts de transport. Le projet a réduit la distance avec le téléphone public le plus proche de plus de vingt kilomètres à moins de cinq kilomètres pour plus d'un million de personnes. Selon des sources non confirmées, les téléphones ruraux ont également augmenté

		le revenu des propriétaires des magasins qui offrent ces services téléphoniques.

Domaines d'activité.

9.9.2 CONCLUSION

44 Depuis au moins la dernière décennie du 20e siècle, une rupture majeure s'est opérée dans le fonctionnement des économies et des sociétés. L'Afrique, en dépit des nombreux problèmes qui entravent son développement, n'échappe pas à cette rupture caractérisée par la prégnance de l'information et des technologies qui la véhiculent, en l'occurrence les TIC. Ces outils façonnent régulièrement notre mode de vie, modifient notre façon de travailler, structurent les activités humaines. Certes, de par leurs caractéristiques intrinsèques, les technologies de l'information et de la communication ne se prêtent pas aisément à des mesures directes de rendement et de production, contrairement à d'autres secteurs d'activité. L'on parvient, par exemple, à obtenir des résultats concrets de l'influence de la production d'engrais sur le rendement agricole ; des dépenses de santé sur l'espérance de vie, ou même des retombées sociales et économiques des investissements consentis dans le secteur de l'éducation. Les TIC ne sont pas appropriés à de telles analyses de corrélation directe avec le développement. En outre, l'impossibilité de considérer les observations faites dans les pays développés et émergents comme des itérations indiscutables ne permet pas non plus de formuler une théorie générale sur le rôle des TIC dans le développement.

45 Néanmoins, deux idées fondamentales, de notre point de vue, aident à percevoir l'interaction dynamique et productive entre technologies de l'information et de la communication et développement. D'abord, il convient

d'admettre que le développement n'est pas seulement synonyme de progression du revenu national, pas plus qu'il n'est nécessairement subordonné à celui-ci. C'est un processus beaucoup plus global qui concerne davantage l'amélioration de l'ensemble des conditions de vie de l'être humain (santé, éducation, information, savoir, etc.). En conséquence, la réalisation

d'une telle quête suggère de prendre en compte tous les facteurs qui peuvent y concourir. Or, à la réflexion, les technologies de l'information et de la communication y contribuent significativement aujourd'hui en raison du contexte nouveau fondé sur le modèle socioéconomique immatériel porté par l'information. Ensuite, le fait que les TIC ne soient pas très appropriées à des calculs directs de rendement et de production ne signifie pas pour autant qu'elles soient sans incidence sur le développement. D'une part, leurs effets sur celui-ci se manifestent généralement de façon beaucoup plus indirecte que directe. D'autre part, les modèles actuels en matière de développement nous éclairent de mieux en mieux sur la façon de concilier TIC et développement à travers le rôle joué par l'information dans l'économie et la société modernes. En outre, la réalité nous renseigne sur le fait que ces instruments interviennent dans la plupart des activités humaines où elles s'avèrent être de précieux auxiliaires de développement. En fait, tout dépend de la façon, judicieuse ou non, dont les TIC sont associées aux autres facteurs de développement, et de la capacité ou non des populations, des entreprises, des collectivités et des États à les utiliser intelligemment dans les routines de l'ordre économique et social.
46 À ces différents égards, l'on peut affirmer avec conviction que l'expression « *les TIC au service du dével`ppement en Afrique* » n'est pas à considérer comme un simple slogan de technocrates, ni comme une

illusion de chercheur égaré. Elle traduit bien une réalité concrète qui invite alors les États africains (malgré leurs priorités classiques de développement), les entreprises et les collectivités à consentir les investissements adéquats dans les TIC. En effet, ces outils sont en passe de constituer en ce 21e siècle un puissant moteur de développement des nations, comme le furent naguère l'agriculture puis l'industrie.

9.9.3 NOTES

Nous avons plutôt privilégié une vision large du sujet (à l'échelle africaine) parce que, d'une façon générale, en matière de développement (ou de sous-développement), les pays africains ne se distinguent pas fondamentalement les uns des autres. C'est le constat que nous avons fait à travers les voyages que nous avons eu l'occasion d'effectuer dans différents pays du continent. Les problèmes sont presque identiques partout, à quelques rares exceptions près (l'Afrique du Sud notamment et le Maghreb dans une moindre mesure). Surtout quand il s'agit de ressources informationnelles. Pour autant, la plupart des exemples dans la présente étude portent sur le contexte ivoirien qui résume bien le contexte africain, pour les raisons évoquées.

Jacques Bonjawo est un spécialiste de renommée internationale des TIC et des pays en développement. Ingénieur informaticien et diplômé MBA de l'Université George Washington, il fut senior manager au siège de Microsoft de 1997 à 2006. Adepte du développement par les technologies, Bonjawo a eu le privilège de participer à de grands sommets économiques mondiaux (Davos 2004, Lisbonne 2007) pour lesquels il a généralement été sollicité pour accompagner certains chefs d'état africains.

Théoricien néoclassique et prix Nobel d'économie en 1987, Robert M. Solow a notamment étudié la relation entre croissance et progrès techniques.

Le Berkeley Round Table on International Economy est considéré comme l'un des principaux centres mondiaux de réflexions et d'analyses sur la révolution économique liée aux technologies de l'information et de la communication.

L'information s'entend ici dans son sens large; c'est-à-dire des données (économiques, financières et sociales); des connaissances; des œuvres divertissantes et d'actualité.

Concernant l'économie informelle du secteur de la téléphonie mobile cellulaire, un article de l'auteur, publié en 2008 dans *The IEEE Transacti`ns `n Pr`fessi`nal C`mmunicati`n J`urnal,* décrit le mécanisme de fonctionnement de cette forme d'économie et analyse surtout ses incidences économiques et sociales. Confer IEEE Xplore, Comsat (Communication Satellite Corporation) est le nom de l'entreprise américaine chargée de commercialiser les services du satellite Intelsat. Utilisant les fonctionnalités du GP combinées au système d'Information géographique (SIG) et à la micro-informatique, l'agriculture de précision est un concept innovant de conduite des grandes exploitations agricoles. Elle vise à assurer une production de quantité et de qualité tout en recherchant la sauvegarde de l'environnement.

Créée en 1996, la Bourse régionale des valeurs mobilières (BRVM) est une institution financière regroupant les huit pays de l'Union économique et monétaire Ouest Africaine (UEMOA) : Bénin, Burkina Faso, Côte d'Ivoire, Guinée-Bissau, Mali, Niger, Sénégal, Togo..Son siège se trouve à Abidjan en Côte d'Ivoire, mais les structures centrales du marché financier sont représentées dans chacun des États membres par une antenne nationale de bourse (ANB) reliée au siège par un relais satellitaire qui achemine les ordres de bourse de façon équitable.

Le transfert dit électronique d'argent connaît un tel succès partout en Afrique qu'indépendamment des sociétés traditionnellement spécialisées dans cette activité (Western Union, Money Gram, Money Express, et récemment Orange Money, au Mali qui a récemment ouvert des centaines de kiosques pour le transfert d'argent. Une vaste campagne de création d'emploi. Ils opèrent généralement en partenariat avec les banques ou les postes locales), les opérateurs de téléphonie mobile se sont eux aussi positionnés sur cette niche techno-commerciale très florissante. Les opérateurs téléphoniques offrent aussi des opportunités aux jeunes diplômés ou non en les installant des stands de ventes de téléphones portables et des composantes.

L'installation et l'extension de petites et moyennes entreprises spécialisées dans le domaine de l'informatique. Des spécialistes en électronique, informatique (réseaux, analyse, programmation etc. L'Afrique a besoin d'ordinateurs personnels (PC) et de portables, de câbles de fibre optique et de téléphones cellulaires **pour nourrir sa révolution technologique**. Autrement dit, il ne suffit pas d'un seul système technologique pour intégrer le « village » mondial. Les entreprises et les pouvoirs publics doivent s'adapter aux usagers qui veulent des téléphones correspondant à leurs moyens, souvent limités.

Les téléphones fixes n'ont jamais vraiment fait **partie du paysage africain**. Les opérateurs ont renoncé devant le caractère inaccessible des villages et l'immensité des villes, et le maigre revenu des millions de familles qui y vivent, alors qu'il a été si simple de mailler l'Europe et l'Amérique du Nord de câbles de cuivre.

Les organismes africains de régulation

Les organismes de régulation des télécommunications, qui contrôlent la structure du marché et la diffusion des nouvelles technologies, font désormais partie du paysage réglementaire mondial. Entre 2000 et 2007, le nombre de pays d'Afrique à s'être dotés d'un tel organisme est passé de 26 à 44.

La plupart des investissements provenant du secteur privé, **les pouvoirs publics ont le rôle de définir** les

objectifs de base de leur politique en matière de télécommunications; il revient aux organismes régulateurs de les mettre en œuvre, et c'est aux tribunaux plutôt qu'à d'autres tutelles administratives de veiller à leur respect. Selon l'UIT, 60 pour cent des organismes africains de régulation sont autonomes vis-à-vis du pouvoir exécutif et donc « indépendants ». Certains experts s'étonnent que la création de tels organismes n'ait pas enclenché un surcroît d'investissements privés. En Amérique latine et aux Caraïbes, **l'investissement privé dans les télécommunications** est passé de 13.7 milliards USD en 1991 à 47.1 milliards en 1998, avant de refluer pendant neuf ans, pour atteindre 15.1 milliards en 2007.
C'est donc le téléphone portable, qu'on emmène partout et dont les infrastructures coûtent moins cher à déployer, qui est le fer de lance de la révolution africaine en matière de technologies de l'information et de la communication (TIC). L'Afrique est le seul continent au monde où les recettes des opérateurs de téléphonie mobile dépassent celles des opérateurs de téléphonie fixe. C'est aussi là que la pénétration des téléphones cellulaires augmente le plus vite. Les gouvernements l'ont bien compris, qui en tire de nouveaux bénéfices fiscaux.
Les habitants des villages perdus et des villes bondées veulent pouvoir envoyer des messages courts (SMS – short message service) – les « textos » – et parler au téléphone – mais sans se ruiner. Les opérateurs proposent des forfaits d'itinérance (le roaming) illimitée d'un pays à d'autres – une première mondiale – et des technologies adaptées à la demande de services en ligne, comme la banque à distance ou encore la « cyber agriculture », qui voit les paysans trouver les cours du marché sur des textos.
Même les plus modestes trouvent les moyens d'acheter

et d'utiliser un téléphone portable – c'est la leçon que nous adresse l'Afrique. Mais dans cette région du monde, la pénétration d'Internet progresse beaucoup plus lentement qu'ailleurs et, d'une manière générale, l'accès aux services TIC y est bien moins développé. Cette thématique des PEA fait le point sur les obstacles à la croissance des TIC, en énumérant la crise économique mondiale, l'insuffisance de connectivité avec le reste du monde, l'inadéquation des réglementations – qui ralentit la diffusion de modèles commerciaux innovants –, et les problèmes de financement. L'Afrique doit acquérir les compétences nécessaires à l'innovation qui, seule, pourra conduire à une révolution électronique « à l'africaine ».

La stratégie de l'UE définie à Lisbonne voit dans les dépenses de recherche et de développement (RD), les réformes structurelles et un assouplissement du marché du travail les leviers d'une diffusion rapide des nouvelles technologies. Mais cette diffusion passe aussi par un enseignement de meilleure qualité, indispensable pour accélérer l'avènement de l'économie de la connaissance et relancer la croissance.

Les pays africains ont bien compris que la connaissance ne procédait pas uniquement de la RD. Ce sont les interactions entre les pratiques et traditions locales et les nouvelles technologies qui, ensemble, donneront naissance à de nouveaux produits et services, comme la banque à distance. La libéralisation est pour beaucoup dans cette évolution. De grosses entreprises comme Intel, Microsoft et Nokia ont fait appel à des anthropologues pour concevoir de nouveaux services, avec des gens du cru.

À l'instar de l'évolution dans les pays de l'OCDE et en Amérique latine, les programmes africains pour la science, la technologie et l'innovation (STI) intègrent de plus en plus les politiques en matière de TIC. Le

Nouveau partenariat pour le développement de l'Afrique (NEPAD) est en train d'élaborer un programme scientifique et technologique. Le sommet de l'UA en 2007 a sollicité l'aide de l'Unesco, et des pourparlers sont en cours avec l'OCDE, l'Unesco et la Banque mondiale. L'Unesco finance une recension de l'état des STI dans 20 pays. Elle coordonne également les initiatives des Nations unies – via son groupe pour la science et la technologie – en soutien au NEPAD. Les pays lancent leurs propres programmes, parfois avec l'aide d'organisations internationales. La Tanzanie a ainsi mis au point un programme scientifique et technologique avec l'Unesco et l'Organisation des Nations unies pour le développement industriel (ONUDI). L'Afrique du Sud, le Kenya et le Mozambique poursuivent eux aussi des programmes ambitieux. De leur côté, l'Algérie, le Botswana, Maurice et le Rwanda se sont fixés comme objectif de devenir des pôles régionaux de TIC.

Pour certains défenseurs de la science et de la technologie, les pays donateurs n'exercent pas de pression suffisante en faveur des politiques d'innovation. S'ils ne mentionnent pas explicitement l'innovation, les OMD reconnaissent son importance en intégrant des indicateurs relatifs à l'accès à la technologie – comme le nombre de lignes téléphoniques fixes, d'abonnés à la téléphonie mobile et d'utilisateurs d'Internet. La plupart des documents de stratégie pour la réduction de la pauvreté (DSRP) des pays PPTE n'exploitent pas pleinement les politiques de nouvelles technologies et d'innovation, sauf s'il existe une véritable base locale en leur faveur.

Ainsi au Ghana, grâce au soutien de l'université Kwame Nkrumah de Science et technologie (KNUST), l'innovation est inscrite dans le DSRP. S'ils ont tous des politiques de TIC, les 47 pays passés en revue dans cette édition des PEA auront besoin de l'appui de la communauté internationale et du secteur privé pour les mettre en œuvre. Le Nepad agit en ce sens, avec son initiative sur les indicateurs STI en Afrique (African Science, Technology and Innovation Indicators Initiative – ASTII).

Le débat sur la technologie en Afrique doit prendre en compte à la fois les conditions à remplir et les erreurs à éviter:

Les politiques STI doivent être intégrées dans des stratégies plus vastes. L'innovation et les TIC ne font pas véritablement partie des priorités politiques de la communauté des donneurs. Les DSRP n'intègrent pas pleinement l'innovation, sauf s'il existe un véritable soutien local en sa faveur. Les partenaires au développement doivent renforcer les politiques nationales de TIC en Afrique ;

Les réglementations doivent être améliorées. La régulation par l'État joue un rôle clé en matière de TIC puisque l'essentiel des investissements provient du secteur privé. Trop souvent, les organismes de régulation favorisent les opérateurs historiques de téléphonie fixe, qui sont en général incapables d'être rentables, par rapport aux nouveaux venus – ce qui entrave la concurrence et décourage l'investissement privé. En revanche, beaucoup de pays ont adopté de meilleures pratiques pour favoriser les opérateurs concernés, sous la forme de systèmes de « licences convergentes » qui offrent plus de souplesse dans le choix des technologies, et par le partage symétrique des frais de terminaison des appels. Ils ont ainsi introduit plus d'équité au niveau des règlements entre les opérateurs de téléphonie fixe et les opérateurs de téléphonie mobile ;

Malgré la crise financière, le secteur des télécommunications en Afrique reste très attractif. Les

premières données disponibles suggèrent que les investissements TIC seront moins touchés par la crise en Afrique qu'ailleurs, à l'instar de ce qui s'est produit lors de l'éclatement de la bulle Internet en 2000-01. Plusieurs accords ont été conclus à la fin de l'année 2008 et au début de l'année 2009. Cela dit, les perspectives de nouveaux accords semblent moins prometteuses et les dépenses d'investissement reculent. La concurrence des prix devrait s'intensifier dans les mois à venir et la plupart des opérateurs multinationaux conforteront leur présence ;
Les nouvelles infrastructures reliant l'Afrique au reste du monde seront bientôt opérationnelles. La plupart des projets de réseaux fédérateurs internationaux à haut débit visent à connecter l'Afrique au reste du monde selon un modèle d'accès ouvert. Les tarifs de gros actuels – entre 2 000 et 10 000 USD mensuels par mégabit/seconde (Mbps) pour le câble sous-marin SAT-3 de fibre optique qui longe la côte occidentale de l'Afrique, et 3 000 et 5 000 USD pour une connexion par satellite – devraient commencer à refluer fin 2009 pour s'inscrire dans une fourchette comprise entre 500 et 1 000 USD par Mbps. Sur la côte orientale, les premiers câbles sous-marins de fibre optique seront disponibles au troisième trimestre 2009. Cinq nouveaux projets de câbles sous-marins et deux nouveaux projets de connexion par satellite ont été annoncés pour la côte occidentale. Ces travaux bénéficient du soutien de capitaux privés africains mais aussi de partenariats public – privé (PPP) passés avec des investisseurs internationaux ; l'amélioration de la connectivité ne suffira pas à toucher davantage d'utilisateurs. Outre de meilleures ossatures internationales, l'Afrique aura besoin de grandes dorsales partagées sur le continent. Les prix de détail devront également baisser, à l'instar des prix de gros. Certains experts redoutent que les

opérateurs de téléphonie fixe en Afrique ne répercutent pas les réductions de prix sur leurs clients, comptant au contraire sur elles pour doper leurs recettes ;
en termes d'intégration régionale, des réseaux fédérateurs terrestres régionaux sont en cours de construction entre les principales villes d'Afrique australe et orientale mais aussi dans les pays enclavés de l'Afrique centrale. L'Algérie, le Botswana, Maurice et le Rwanda projettent de devenir des pôles régionaux pour les TIC. Des opérateurs panafricains de téléphonie mobile proposent des services d'itinérance gratuits, faisant de l'Afrique la première région du monde à offrir ce genre d'innovation ;
les modèles commerciaux novateurs prouvent que la clientèle pauvre peut être rentable. En Afrique, la plupart des communications mobiles sont prépayées. Mais la solution du micro-paiement (moins de 1 USD) pour recharger un compte est aussi très répandue. L'Ouganda et le Rwanda ont développé un modèle commercial de micro finance et la pratique du partage des téléphones est courante. Les SMS permettent de communiquer pour moins d'un centime de rand sud-africain. Les services financés par la publicité rencontrent aussi beaucoup de succès en Afrique du Sud. Quant aux nouvelles technologies et énergies respectueuses de l'environnement, elles permettent aux opérateurs d'atteindre de nouveaux territoires ; les gouvernements devront privatiser les derniers opérateurs historiques de téléphonie fixe puisque le savoir-faire indispensable à la mise à niveau de leurs réseaux proviendra d'investisseurs privés. Cette réforme doit aller de pair avec un environnement réglementaire favorable aux investissements privés afin de renverser la tendance des opérateurs de téléphonie fixe à perdre régulièrement du terrain. Les bonnes pratiques novatrices, comme les régimes de licence convergente –

neutres du point de vue technologique– et la régulation symétrique des frais de terminaison d'appel pourraient aider les opérateurs de téléphonie fixe à surmonter leurs difficultés financières tout en instaurant un jeu égal avec les opérateurs de téléphonie mobile ;
La coopération internationale favorise la technologie et l'innovation. Les investissements dans les télécommunications sont de plus en plus le fait de pays comme le Koweït, l'Afrique du Sud et l'Égypte. La Chine fournit du matériel à bas coût et des prêts aux opérateurs publics sous-capitalisés. De son côté, l'Inde contribue à la construction d'un réseau électronique panafricain couvrant les 53 pays du continent dans le cadre d'une initiative de l'UA. Les formules prépayées, à l'américaine, et les SMS chers aux Européens sont extrêmement populaires. La coopération sur le commerce électronique avec l'UE et les États-Unis prend une importance croissante pour répondre aux réglementations commerciales. Des entreprises britanniques et françaises ont elles aussi lourdement investi dans les télécommunications en Afrique. Mais l'innovation Sud-Nord pourrait bien aussi fonctionner : les ordinateurs Class Mate (« camarade de classe ») d'Intel, à bas coût, qui ont d'abord été vendus au Nigeria, sont désormais disponibles en Europe et aux États-Unis

Les n`uvelles techn`l`gies rendent l'administrati`n publique plus efficace et l'éducati`n de meilleure qualité; elles permettent aussi de réduire le c`ût de la pratique des affaires. Une initiative du Nepad vise à équiper t`utes les éc`les primaires et sec`ndaires d'Afrique avec des `rdinateurs, des l`giciels et un accès à Internet d'ici 2025. La banque en ligne et le cyber agriculture, qui s'appuient t`utes les deux sur des pratiques l`cales, devrait réduire les c`ûts de transacti`n et rééquilibrer l'`ffre et la demande sur les marchés agric`les. /.

ABRÉVIATIONS ET ACRONYMES

MFD	Multifonction Device
Driver	Pilot
CD	Disque Compact
DVD	Digital Versalite Disque
ARPA	Advenced Research Project
INTERNET	International Network
WWW	Word Wide WEB
WIFI	Wirless Fidelity
UNESCO	*Organisation des Nations unies pour l'éducation, la science et la culture*
CMC	Centre Multimédia Communautaire
USAID	United States Agency for International Development/Agence des États-Unis pour le développement international
CLIC	Centre Local d'Information Communautaire
TIC	Technologie de l'Information et de la Communication
PTF	Partenariat Technique et Financier
PIB	Produit Intérieur Brut
COMSAT	Communication Satellite Corporation
SIG	Système d'Information Géographie
BRVM	Bourse Régionale des Valeurs Mobilières

PNUD	Programme des Nations Unies pour le Développement
ANB	Antenne Nationale des Bourses
PC	Personal Computer (Ordinateur Personnel)
IEEE	Institute of Electrical and Electronic Enginners
UA	Union Africaine
PPP	Partenaire Publique Privé
KNUST	Kwamé Krouma de Sciences et Technonogie
ASTII	African Science Technology and Innovation Initiative
ONUDI	Organisation des Nations Unies pour le Dévéloppement Industielle
OCDE	*Organization de cooperation et de développement économiques*
RD	Recherche et de development
UEMOA	Union Economique et Monétaire Ouest Africaine
ANB	Antenne National de Bourse

Bibliographie
Réferences citées
Ancarta...
Cheick Oumar TRAORE; Les pilotes comme agents de téléchargement au Mali; URLhttp//hdle.net/186610316. Page consulté 16 novembre 2013

Mike Jensen et Anriette Esterhuysen. - Paris : UNESCO, 2001. - vi, 130 p. ; 30 cm. - (CI-2001/WS/2)
Kayani, R.; Dymond, A. 1997. Options for rural télécommunications development. Banque mondiale, Washington, D.C., États-Unis. Document technique n° 359.
Kayani, R.; Dymond, A. 1997. Options for rural télécommunications development. Banque mondiale, Washington, D.C., États-Unis. Document technique n° 359.
Khumalo, F. 1998. Preliminary evaluation of telecentre pilot projects. Union internationale des télécommunications, Genève, Suisse. Internet : www.itu.int/ITU-D-UniversalAccess/evaluation/usa.htm
Norrish, P. 1998. New ICTs and rural communities. *In* Richardson, D.; Paisley, L., sous la dir. de, The first mile of connectivity. Organisation des Nations Unies pour l'alimentation et l'agriculture, Rome, Italie.

UIT (Union internationale des télécommunications). 1998. Seminar on Multipurpose Community Telecentres, 7-9 déc., Budapest, Hongrie, UIT, Genève, Suisse.
USAID (United States Agency for International Development/Agence des États-Unis pour le développement international). 1996. Selecting

performance indicators. USAID Center for Development Information and Evaluation, Washington, D.C., États-Unis. Performance Monitoring and Evaluation TIPS n° 6, 4 pages.
Adam, L. 1996. Electronic networking for the research community in Ethiopia. *In* Bridge builders: African experiences with information and communication technology. National Research Council, Washington, D.C., États-Unis, pages 123-140.
Anderson, ; N, ; Pascual-Salcedo, M.1998 Community-led télé centre planing stakeholder information baseline for Easten cap, Northem cap and Northem Provence. CIET Africa ; Universal Service Agency. Gauteng, Afrique du Sud, 21 pages.
Evaluation des Télés centres Communautaires. Un guide pour les chercheurs
Adam, L. 1996. Electronic networking for the research community in Ethiopia. *In* Bridge builders: African experiences with information and communication technology. National Research Council, Washington, D.C., États-Unis, pages 123-140.
Allport, G.W. 1935. Attitudes. *In* Murchison, C., sous la dir. de, Handbook of social psychology. Clark University Press, Worcester, Royaume-Uni, pages 798-844.
Andersson, N.; Pascual-Salcedo, M. 1998. Community-led telecentre planning: stakeholder information baseline for Eastern Cape, Northern Cape and Northern Province. CIET Africa; Universal Service Agency, Gauteng, Afrique du Sud, 21 pages.
fr.wikipedia.org/wiki/Microprocesseur
fr.wikipedia.org/wiki/Périphérique_informatiques

1998. Telecentre research framework for Acacia. Rapport au Centre de recherches pour le développement international, Ottawa, (Ont.), Canada. Document polycopié de 66 pages.

Autres ouvrages à lire
Banque mondiale. 1996. The World Bank sourcebook. Banque mondiale, Washington, D.C., États-Unis.
Blalock, H.M. 1972a. Causal inferences in nonexperimental research. Norton, New York, NY, États-Unis, 200 pages.
_____1972b. Social statistics (2e ed.). McGraw-Hill, New York, NY, États-Unis.
Bryk, A.S., sous la dir. de 1983. Stakeholder-based evaluation. Jossey-Bass, San Francisco, CA, États-Unis.
Campbell, D.T.; Stanley, J.C. 1963. Experimental and quasi-experimental designs for research. Rand McNally, Chicago, IL, États-Unis.
CARE (Cooperative for American Relief Everywhere). 1997. Monitoring and evaluation guidelines for MER users. CARE États-Unis; CARE Canada, Ottawa (Ont.), Canada. Management Tools for Development Organizations.
Chen, H.T. 1990. Theory-driven evaluations. Sage, Newbury Park, CA, États-Unis.
Covert, R.W. 1977. Guidelines and criteria for constructing questionnaires. Evaluation Research Center, University of Virginia, Charlottesville, VA, États-Unis.
CRDI (Centre de recherches pour le développement international). 1997. Planning, monitoring and évaluation of programme performance: a resource book. Unité d'évaluation du CRDI, CRDI, Ottawa (Ont.), Canada, 48 pages.
Dugan, M.A. 1996. Participatory and empowerment evaluation: lessons learned in training and technical assistance. *In* Fetterman, D.M.; Kaftarian, S.J.;

Wandersman, A., sous la dir. de, Empowerment evaluation: knowledge and tools for self assessment and accountability. Sage, Thousand Oaks, CA, États-Unis, pages 277-303.

Eichler, C.H. 1988. Nonsexist research methods: a practical guide. Allen and Unwin, Boston, MA, États-Unis, 183 pages.

Fetterman, D.M.; Kaftarian, S.J.; Wandersman, A., sous la dir. de, 1996. Empowerment evaluation: knowledge and tools for self-assessment and accountability. Sage, Thousand Oaks, CA, États-Unis, 411 pages.

Fink, A.; Kosecoff, J. 1989. How to conduct surveys: a step-by-step guide. Sage, Newbury Park, CA, États-Unis.

Freeman, H.E.; Sandfur, G.D.; Rossi, P.H. 1989. Workbook for evaluation: a systematic approach. Sage, Newbury Park, CA, États-Unis.

Goldstein, H. 1979. The design and analysis of longitudinal studies. Academic Press, Londres, Royaume-Uni, 199 pages.

Gramlich, E.M. 1990. A guide to benefit-cost analysis (2e éd.). Prentice-Hall, Englewood Cliffs, NJ, États-Unis.

Graves, F.L. 1992. The changing role of nonrandomized research designs in assessment. *In* Hudson, J.; Mayne, J.; Thomlison, R., sous la dir. de, Action-oriented evaluation in organizations: Canadian practices. Wall and Emerson, Toronto (Ont.), Canada, pages 230-254.

Guba, E.; Lincoln, Y. 1989. Fourth generation evaluation. Sage, Newbury Park, CA, États-Unis.

Henerson, M.E.; Morris, L.L.; FitzGibbon, C.T. 1987. How to measure attitudes. Center for Study of Evaluation, University of California, Los Angeles, CA, États-Unis; Sage, Newbury Park, CA, États-Unis, 185 pages.

Henry, G.T. 1990. Practical sampling. Sage, Newbury

Park, CA, États-Unis.
Herman, J.L.; Morris, L.L.; FitzGibbon, C.T. 1987. Evaluator's handbook. Sage, Newbury Park, CA, États-Unis, 159 pages.
Hudson, J.; Mayne, J.; Thomlison, R., sous la dir de, 1992. Action-oriented evaluation in organizations: Canadian practices. Wall and Emerson, Toronto (Ont.), Canada, 340 pages.
Jackson, B. 1997. Designing projects and project evaluations using the logical framework approach. Union internationale pour la conservation de la nature et de ses ressources, Cambridge, Royaume-Uni.
Kellogg Foundation. 1998. W.K. Kellogg Foundation evaluation handbook. Kellogg Foundation, Battle Creek, MI, États-Unis, 110 pages.
Krueger, R.A. 1988. Focus groups: a practical guide for applied research. Sage, Newbury Park, CA, États-Unis.
Lewin, E. 1994. Evaluation manual for SIDA. Organisation suédoise pour le développement international, Stockholm, Suède.
Love, A.J. sous la dir. de, 1991. Evaluation methods sourcebook. Société canadienne d'évaluation, Ottawa (Ont.) Canada, 213 pages.
Marsden, D.; Oakley, P.; Pratt, B. 1994. Measuring the process: guidelines for evaluation of social development. Intrac Publications, Oxford, Royaume-Uni. 175 pages.
Miles, M.B.; Huberman, A.M. 1994. Qualitative data analysis: an expanded sourcebook (2e éd.). Sage, Thousand Oaks, CA, États-Unis.
Mohr, L.B. 1995. Impact analysis for program evaluation. Sage, Thousand Oaks, CA, États-Unis, 311 pages.
Morris, L.L.; FitzGibbon, C.T.; Freeman, M.E. 1987. How to communicate evaluation findings. Sage, Newbury Park, CA, États-Unis, 92 pages.

Morris, L.L.; FitzGibbon, C.T.; Lindheim, E. 1987. How to measure performance and use tests. Center for Study of Evaluation, University of California at Los Angeles; Sage, Newbury Park, CA, États-Unis, 163 pages.

Narayan, D. 1995. Designing community based development. Social Policy and Resettlement Division, Banque mondiale, Washington, D.C., États-Unis, 55 pages.

NRC (National Research Council [United States]). 1996. Bridge builders: African experiences with information and communication technology. Office of International Affairs, NRC; National Academy Press, Washington, D.C., États-Unis, 290 pages.

Parker, A.R. 1993. Another point of view: a manual on gender analysis training for grassroots workers. United Nations Development Fund for Women, New York, NY, États-Unis, 106 pages.

Patton, M.Q. 1982. Practical evaluation. Sage, Londres, Royaume-Uni, 319 pages.

_____ 1990. Qualitative evaluation and research methods (2e éd.). Sage, Newbury Park, CA, États-Unis.

Pfohl, J. 1986. Participatory evaluation: a user's guide. PACT Publications, New York, NY, États-Unis.

Rossi, P.H.; Freeman, H.E. 1993. Evaluation: a systematic approach. Sage, Newbury Park, CA, États-Unis.

Schuman, H.; Presser, S. 1981. Questions and answers in attitude surveys: experiments on question form, wording and context. Acadmic Press, New York, NY, ÉtatsUnis, 370.

SPRA (Society for Participatory Research in Asia). 1994. Training of trainers: a manual for participatory training methodology in development (2nd ed.). SPRA, New Delhi, Inde.

Stecher, B.M.; Davis, W.A. 1987. How to focus an evaluation. Sage, Newbury Park, CA, États-Unis, 176

pages.
Tardy, C.H., sous la dir. de, 1988. A handbook for the study of human communications: methods and instruments for observing, measuring and assessing communication processes. Ablex Publishing Corp., Norwood, NJ, États-Unis, 407 pages.
UICN (Union internationale pour la conservation de la nature et de ses ressources). 1997. An approach to assessing progress towards sustainability. UICN-Équipe d'évaluation internationale du Centre de recherches pour le développement international, UICN, Cambridge, Royaume-Uni. Tools and Training Series.
Valadez, J; Bamberger, M. 1994. Monitoring and evaluating social programs in developing countries. EDI Development Studies, Londres, Royaume-Uni.
Warwick, D.P.; Lininger, C.A. 1975. The sample survey: theory and practice. McGraw-Hill, New York, NY, États-Unis, 344 pages.
The Telecentre Cookbook for Africa : Recipes for self-sustainability/
Préparé par Mike Jensen et Anriette Esterhuysen. - Paris : UNESCO, 2001. - vi, 130 p. ; 30 cm. - (CI-2001/WS/2)

L'organisation
Le Centre de recherches pour le développement international (CRDI) croit en un monde durable et équitable. Le CRDI finance les chercheurs des pays en développement qui aident les peuples du Sud à trouver des solutions adaptées à leurs problèmes. Il maintient des réseaux d'information et d'échange qui permettent aux Canadiens et à leurs partenaires du monde entier de partager leurs connaissances, et d'améliorer ainsi leur destin.
http://www.idrc.ca/booktique/index_f.cfm.

i want morebooks!

Oui, je veux morebooks!

Buy your books fast and straightforward online - at one of the world's fastest growing online book stores! Environmentally sound due to Print-on-Demand technologies.

Buy your books online at
www.get-morebooks.com

Achetez vos livres en ligne, vite et bien, sur l'une des librairies en ligne les plus performantes au monde!
En protégeant nos ressources et notre environnement grâce à l'impression à la demande.

La librairie en ligne pour acheter plus vite
www.morebooks.fr

OmniScriptum Marketing DEU GmbH
Heinrich-Böcking-Str. 6-8
D - 66121 Saarbrücken
Telefax: +49 681 93 81 567-9

info@omniscriptum.de
www.omniscriptum.de

Printed by Books on Demand GmbH, Norderstedt / Germany